彩图 1 斜拉桥

彩图 2 高速公路及立交桥

彩图 3 高速公路上的边坡防护工程

a)

桥台盖梁

桥台立柱

桥台桩柱

桥墩盖梁

桥墩立柱

桥墩桩柱

系梁

边板

中板

桥面铺装

栏杆

桥头搭板

b)

彩图 4 钢筋混凝土空心板梁桥示意图

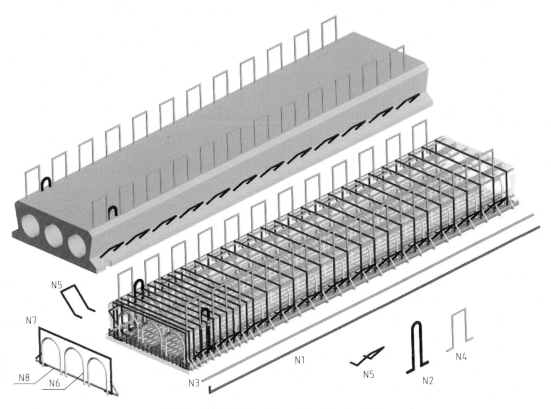

彩图 5　钢筋混凝土中板配筋示意图（半幅）

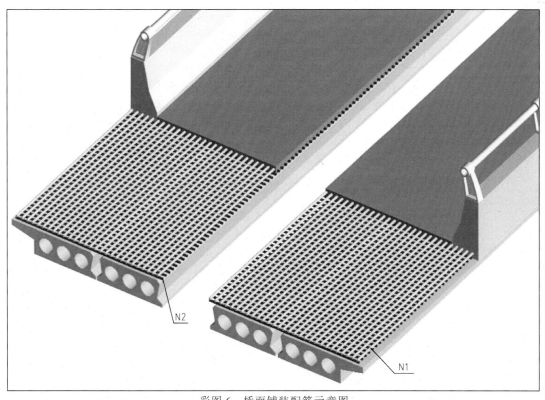

彩图 6　桥面铺装配筋示意图

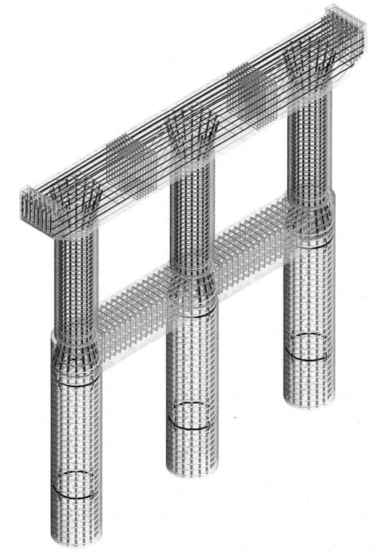

彩图 7　整个桥墩上的钢筋结构情况示意图

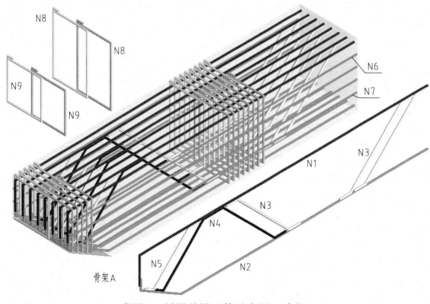

彩图 8　桥墩盖梁配筋示意图（半幅）

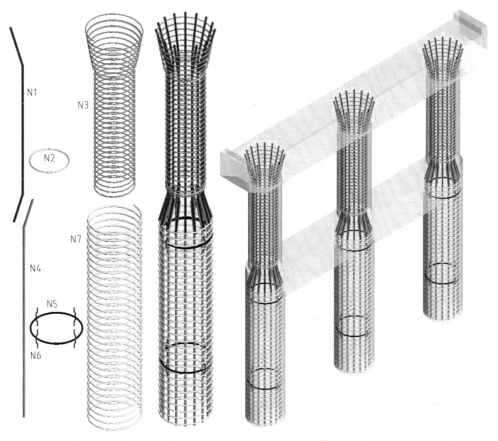

彩图 9　桥墩立柱和桩柱钢筋结构立体示意图

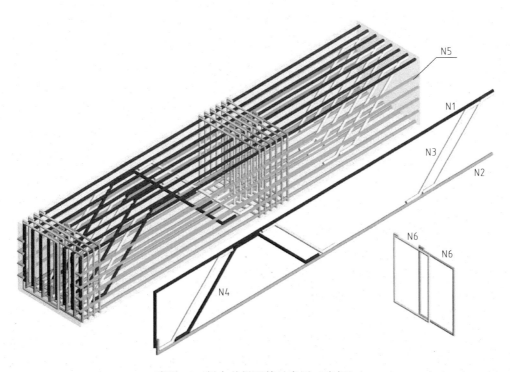

彩图 10　桥台盖梁配筋示意图（半幅）

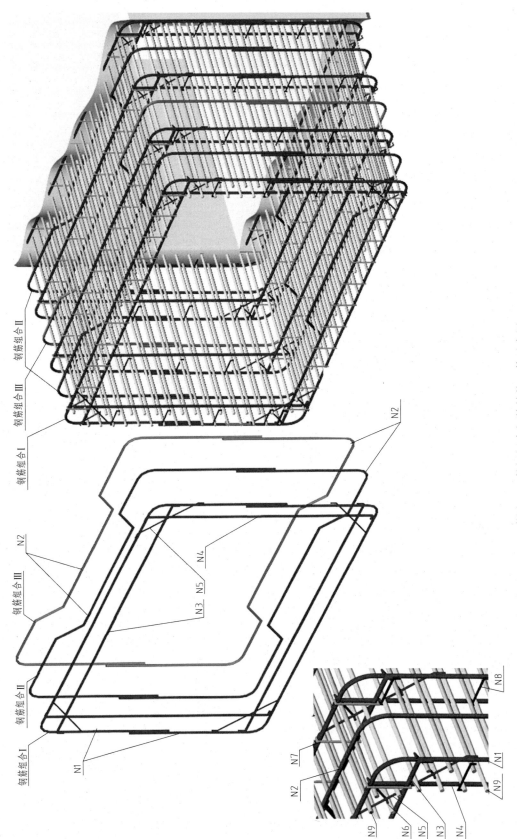

钢筋组合 II

钢筋组合 III

钢筋组合 I

钢筋组合 III

钢筋组合 II

钢筋组合 I

N2

N2

N4

N3 N5

N1

N7

N2

N8

N1

N9

N9 N6 N5 N3 N4

彩图 11　箱涵涵身钢筋结构立体示意图

中等职业教育课程改革国家规划新教材
全国中等职业教育教材审定委员会审定

（修订版）

土木工程识图

（道路桥梁类）第2版

主　编　赵云华

副主编　刘　璇

参　编　卜洁莹　苏贤洁

主　审　马　玫　赵清江

机械工业出版社

本书的主要内容包括：绘图工具与用品、道路工程基本制图标准、几何作图、投影的基本知识、形体的投影、轴测投影图、剖面图和断面图、道路路线工程图、桥梁工程图、涵洞工程图、隧道工程图。本书为校企合作编写的教材，具有文字通俗易懂、图形形象直观、内容贴近实际、突出工程应用的特色。专业图识读部分的图例全部为最新的工程实例，内容更贴近工程实际；绝大部分投影图都配有形象逼真的立体图，图形美观，可以有效地帮助学生阅读工程图。同时，还配套编写了《土木工程识图·识图训练（道路桥梁类）》第2版，与本书配合使用。

本书可作为中等职业学校道路与桥梁工程施工、市政工程施工等专业教材，也可作为道路与桥梁工程施工、市政工程施工等专业的岗位培训教材。

为便于教学，本书配套有电子教案、助教课件、微课、三维动画等教学资源，选择本书作为教材的教师可来电（010-88379934）索取，或登录www.cmpedu.com网站，注册、免费下载。

图书在版编目（CIP）数据

土木工程识图. 道路桥梁类/赵云华主编. —2 版. —北京：机械工业出版社，2020.5（2023.8 重印）

中等职业教育课程改革国家规划新教材　全国中等职业教育教材审定委员会审定

ISBN 978-7-111-65337-0

Ⅰ.①土… Ⅱ.①赵… Ⅲ.①土木工程-建筑制图-识图-专业学校-教材 Ⅳ.①TU204

中国版本图书馆 CIP 数据核字（2020）第 060967 号

机械工业出版社（北京市百万庄大街 22 号　邮政编码 100037）
策划编辑：刘思海　沈百琦　责任编辑：刘思海　沈百琦
责任校对：张　薇　　　　　封面设计：马精明
责任印制：单爱军
北京虎彩文化传播有限公司印刷
2023 年 8 月第 2 版第 4 次印刷
184mm×260mm · 21.25 印张 · 3 插页 · 518 千字
标准书号：ISBN 978-7-111-65337-0
定价：49.80 元（含识图训练）

电话服务　　　　　　　　　网络服务
客服电话：010-88361066　　机 工 官 网：www.cmpbook.com
　　　　　010-88379833　　机 工 官 博：weibo.com/cmp1952
　　　　　010-68326294　　金 书 网：www.golden-book.com
封底无防伪标均为盗版　机工教育服务网：www.cmpedu.com

第2版前言

《土木工程识图（道路桥梁类）》（以下简称第1版）是中等职业教育课程改革国家规划教材，由全国中等职业教育教材审定委员会审定，2010年4月出版以来，受到了众多读者的好评。

本次修订之前，我们邀请了道路工程一线的专家及有关任课教师，对中职道路桥梁类几个专业进行了工作任务和职业能力分析，确定了道路桥梁类专业学生未来的工作领域及各领域对职业能力的要求，并且对"土木工程识图（道路桥梁类）"课程（以下简称本课程）的教学任务和教学内容提出调整意见。

本课程的主要任务应该突出识读道路工程图能力的培养。结合专家及一线教师提出的建议，我们对第1版的内容进行了如下修订：

1. 删除了与职业能力要求不相符的内容，并将有些内容改为选修内容。

2. 修订了第1版中的疏漏。

3. 根据现行的国家标准及规范对道路工程图例中的有关标注（如钢筋种类及符号、砂浆强度等级、砌体强度等级、隧道围岩等级）等进行了修订。

4. 更换了"道路路线工程图"部分的图例，将其中的"路线平面图""路线纵断面图""路基横断面图"及"城市道路横断面图""城市道路纵断面图""城市道路平面图"换成了同一条路、同一路段的图例。

本书的图例都取自道路工程实际，尤其道路工程图（道路路线工程图、桥梁工程图、涵洞工程图、隧道工程图）和部分投影图都是真实的成套的工程图例，且全部配有立体示意图。

为便于教学，本书配套有电子课件。课件不但操作方便，而且美观逼真，可有效积激发学生的学习兴趣，降低教师的劳动强度。

为便于自学，激发学习兴趣，本书中插入了若干个二维码，读者可以通过扫描二维码，在手机和Pad等终端设备上读取道路工程图的彩色立体图及三维实体模型。三维实体模型可以用手指随意拨动其旋转，多角度观察。

另外，还编写了《土木工程识图·识图训练（道路桥梁类）》第2版，与本书配合使用。

为贯彻党的二十大精神，加强教材建设，推进教育数字化，编者在动态重印过程中，对全书内容进行了全面梳理，优化了图片显示，丰富了相应的数字资源。

本书由山西交通职业技术学院赵云华任主编，山西交通职业技术学院刘璇任副主编。参与编写的还有辽宁城市建设职业技术学院卜洁莹和武汉铁路桥梁职业学院苏贤洁。编写分工如下：赵云华编写第5、7、8、9、10、11章，刘璇编写第4、6章，卜洁莹编写第1、2章，苏贤洁编写第3章。

由于编者水平有限，书中不妥之处在所难免，恳请读者批评指正。

编　者

第1版前言

为贯彻《国务院关于大力发展职业教育的决定》精神，落实《教育部关于进一步深化中等职业教育教学改革的若干意见》关于"加强中等职业教育教材建设，保证教学资源基本质量"的要求，确保新一轮中等职业教育教学改革顺利进行，全面提高教育教学质量，保证高质量教材进课堂，教育部对中等职业学校德育课、文化基础课等必修课程和部分大类专业基础课教材进行了统一规划并组织编写。本书是中等职业教育课程改革国家规划新教材之一，是根据教育部 2009 年发布的《中等职业学校土木工程识图教学大纲》编写的。

本书主要介绍绘图工具与用品、道路工程基本制图标准、几何作图、投影的基本知识、形体的投影、轴测投影图、剖面图和断面图、道路路线工程图、桥梁工程图、涵洞工程图、隧道工程图等内容。本书重点强调培养学生识读道路工程图样的能力。考虑到职业教育的特点及中等职业学校学生的心理特征和认知规律，编写过程中力求体现文字通俗易懂、图形形象直观、内容贴近实际、突出工程应用的特色。本书编写具有新颖性、直观性、灵活性和实用性相结合的特点：每一部分内容都通过直观的工程图例导入，介绍必要的理论知识，再通过工程实例分析体现基本理论在工程中的具体应用；所有的工程图例都是来自道路工程第一线的最新工程实例；绝大部分的投影图都配置了与其相对应的非常美观的立体图，用直观的立体图来诠释抽象的投影图，比语言表达更有效。

本书在内容处理上主要有以下几点说明：

1）将点、直线、平面的投影放到形体中讲解，让点、直线、平面与形体相联系。教学过程中要注意分析点、线、面在形体中的位置，且要重点分析特殊位置的直线、平面的投影，因为它们才是工程中最常见到的。

2）形体的投影等部分给出了较多读图例题，教师不必逐题讲解，可以有选择地引导读图。

3）道路工程图识读（道路路线工程图识读、桥梁工程图识读、涵洞工程图识读、隧道工程图识读）部分是与工程联系最紧密的部分，也是难度比较大的部分，尤其是钢筋结构图，所以我们用了较大的篇幅插入了各种方位的立体图（甚至是彩色立体图）来诠释投影图，希望能给予读者有效的帮助。

4）建议市政工程施工专业可以适当在"城市道路排水系统"多安排学时，而在桥梁、隧道工程图中适当减少课时，公路专业的学生可以不必选择这一部分内容。

5）书中标注"＊"的内容为选修内容，各学校可以根据实际情况选择和安排教学。

另外，我们还组织编写了《土木工程识图习题集（道路桥梁类）》，与本书配合使用，习题集与教材具有相同的特色。

全书共 11 章，由山西交通职业技术学院赵云华主编。具体分工如下：山西交通职业技术学院丁烈梅编写绪论、第 2 章，辽宁省城市建设学校卜洁莹编写第 1、3 章，山西省忻州市交通局测设队续书平编写第 5、6、11 章，山西交通职业技术学院郭超祥编写第 4 章，山西交通职业技术学院钟萍编写第 7 章，山西交通职业技术学院赵云华编写第 9、10 章，山西交通职业技术学院郭超祥与武汉铁路桥梁学校苏贤洁合编第 8 章。本书经全国中等职业教育教材审定委员会审定，由马玫、赵清江主审。教育部评审专家、主审专家在评审及审稿过程中对本书内容及体系提出了很多宝贵的建议，在此对他们表示衷心的感谢！为便于教学，本书配套有电子教案、助教课件等教学资源，选择本书作为教材的教师可来电（010-88379197）索取，或登录 www.cmpedu.com 网站，注册、免费下载。

　　由于编者水平有限，书中不妥之处在所难免，恳请读者批评指正。

编　者

本书二维码清单

序号	名称	图形	序号	名称	图形
1	丁字尺 (视频)		9	分直线段为任意等分 (视频)	
2	丁字尺的使用方法 (视频)		10	分两平行线之间的 距离为已知等份 (视频)	
3	三角板与丁字尺 配合使用(视频)		11	正六边形的画法 (视频)	
4	两块三角板与丁字尺 配合使用(视频)		12	形体的组成 (三维模型)	
5	作水平线的平行线 (视频)		13	圆柱的投影 (三维模型)	
6	作倾斜线的平行线 (视频)		14	不同位置圆柱的投影 (三维模型)	
7	作水平线的垂直线 (视频)		15	圆锥的投影 (三维模型)	
8	作倾斜线的垂直线 (视频)		16	桥墩的形体分析 (三维模型)	

（续）

序号	名称	图形	序号	名称	图形
17	叠加的组合体 （三维模型）		27	形体分析法读图 （三维模型）	
18	形体分析 （三维模型）		28	阅读涵洞洞口的 投影图 （三维模型）	
19	桥台翼墙的形体分析 （三维模型）		29	桥墩的投影分析 （三维模型）	
20	一个或两个投影 相同的形体 （三维模型）		30	正轴测图的形成 （视频）	
21	投影图中的线与线框 （三维模型）		31	正等测的轴测轴和轴间角 （视频）	
22	线框的意义（一） （三维模型）		32	坐标法作长方体的 正等测投影 （视频）	
23	线框的意义（二） （三维模型）		33	正六棱柱的正等轴测图画法 （视频）	
24	线框包围中的线框 （三维模型）		34	斜轴测图的形成 （视频）	
25	相邻投影图中对应投影 （三维模型）		35	剖面图的形成 （三维模型）	
26	拉伸法读图（五） （三维模型）		36	全剖面图（一） （三维模型）	

（续）

序号	名称	图形	序号	名称	图形
37	全剖面图(二) (三维模型)		47	检查井旋转剖面图(二) (三维模型)	
38	泄水管的半 剖面图(一) (三维模型)		48	弯桥的展开剖面图 (三维模型)	
39	泄水管的半剖面图(二) (三维模型)		49	护栏柱的展开剖面图 (三维模型)	
40	半剖面图 (三维模型)		50	梁的断面图 (三维模型)	
41	管壁上小圆孔的局部 剖面图 (三维模型)		51	移出断面图 (三维模型)	
42	局部剖面图 (三维模型)		52	圆锥护坡的重合 断面图 (三维模型)	
43	路面各结构层的局部剖面图 (三维模型)		53	重力式桥台投影图 (三维模型)	
44	阶梯剖面图(一) (三维模型)		54	T梁的投影图 (三维模型)	
45	阶梯剖面图(二) (三维模型)		55	空心板简支梁桥立体图 (三维模型)	
46	检查井旋转 剖面图(一) (三维模型)		56	钢筋混凝土板的钢筋 结构图及其立体 示意图 (三维模型)	

（续）

序号	名称	图形	序号	名称	图形
57	空心板立体示意图（三维模型）		66	桥台盖梁钢筋结构图（三维模型）	
58	中板钢筋结构图（中板钢筋）（三维模型）		67	钢筋混凝土圆管涵立体分解图（三维模型）	
59	中板钢筋结构图（边板钢筋）（三维模型）		68	钢筋混凝土盖板涵构造图（三维模型）	
60	一孔桥面铺装钢筋结构图（三维模型）		69	端墙式双孔圆管涵构造图（三维模型）	
61	桩柱式桥墩一般构造图（三维模型）		70	石拱涵一般构造图（三维模型）	
62	桥墩盖梁钢筋结构图（三维模型）		71	钢筋混凝土箱涵（三维模型）	
63	桥墩立柱和桩柱钢筋结构图(一)（三维模型）		72	钢拱支撑立体示意图（三维模型）	
64	桥墩立柱和桩柱钢筋结构图(二)（三维模型）		73	V级围岩浅埋段二次衬砌钢筋结构图（三维模型）	
65	桥台立体示意图（三维模型）				

目　录

绪　论

0.1　道路工程构造物及道路工程图样

0.1.1　道路工程构造物

　　道路工程中常用的构造物有很多，主要有桥梁、涵洞、隧道、防护工程及排水设施等，而每一种设施都由许多构件组成。如彩图 1 为一座斜拉桥，彩图 2 为高速公路及立交桥，彩图 3 为高速公路上的边坡防护工程。对于这些构造物，用语言和文字很难去准确描述，因此，在工程技术上需要一种特殊的语言——工程图样，来准确表达工程构造物的大小、形状及全部的施工要求。

0.1.2　道路工程图样

　　在工程技术上，根据投影方法（正投影法）并遵照道路制图国家标准规定绘制，用于道路工程施工的图叫作道路工程图样。它可以准确地表达道路工程构造物的形状、大小及全部的施工要求。

　　在工程技术中，工程图样是表达设计意图和交流设计思想的工具，是指导施工和生产的技术文件，是沟通设计者意图与建造者施工的桥梁。所以，人们把图样比喻为工程界的语言。作为生产一线的技术工人，必须掌握这种语言，即具有画图和读图的本领。

　　如彩图 4a、b 为钢筋混凝土空心板梁桥示意图，图 0-1 是该桥的桥型布置图（工程施工图）。从图 0-1 可见，在工程图的下方有标题栏，标题栏内填写着设计单位名称、工程名、图名等。

　　桥梁的结构形状主要由三面投影图即立面图、平面图及Ⅰ—Ⅰ断面图、Ⅱ—Ⅱ断面图来表示。

　　构造物结构的大小要按国家标准的规定用数字标注在图上。各类尺寸的单位国家标准有明确的规定。

　　在图的下方有表示桥梁有关参数的设计表。图样右下角用附注的形式写出了施工的要求及有关说明。

　　在投影图中如何表示各种形体的形状和大小，图中符号代表什么含义，如何识读这些图样？这些就是后面要重点学习的内容。

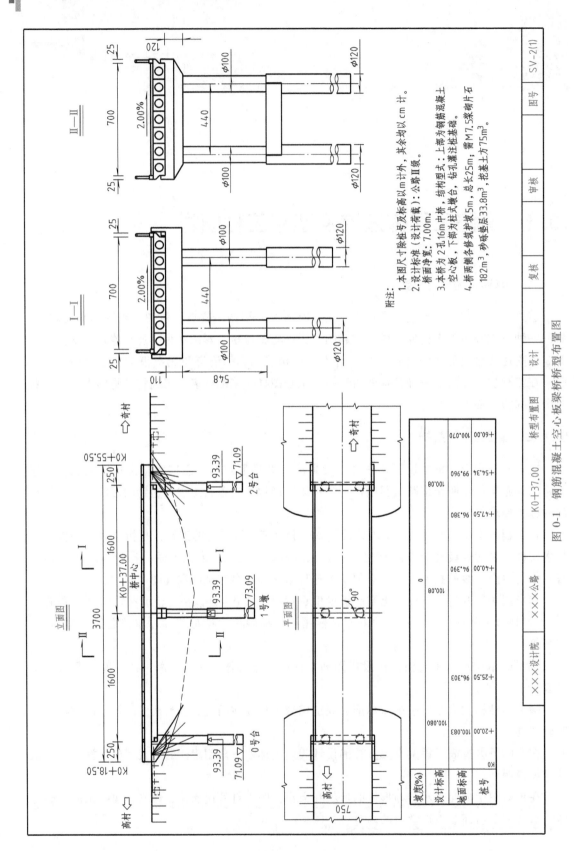

图 0-1　钢筋混凝土空心板梁桥桥型布置图

0.2 本课程的任务

　　土木工程识图（道路桥梁类）是交通类职业学校最重要的一门技术基础课，其主要任务就是培养学生掌握绘制和阅读道路工程图样的能力。以培养读图能力为主，绘图能力为辅。潜移默化中培养学生认真负责的工作态度和一丝不苟的工作作风，养成良好的职业道德和敬业精神。

0.3 本课程的内容与要求

　　1. 制图基本知识部分：介绍了道路工程制图国家标准及有关的规定、制图工具的使用及几何作图方法。

　　要求在学习过程中逐渐养成自觉遵守道路工程制图国家标准及有关规定的习惯，正确使用绘图工具，具有绘制简单平面几何图形的能力。应做到：尺寸标注正确，字体工整，图面整洁，符合国家标准。

　　2. 正投影法基本原理部分：介绍了用平面图形（投影图）表达空间形体，根据平面图形（投影图）想象出空间形体的基本原理和基本方法。

　　要求通过点、线、面、基本体、组合体的投影图的学习，通过一定数量的习题训练，逐步提高空间想象能力和空间构思能力。同时，还给出了相当数量的形体的立体图和相应的投影图，可以参照立体图仔细分析形体与投影之间的关系，不断提高读图与绘图的能力。

　　3. 道路工程制图部分：介绍了用正投影法表达道路、桥梁、涵洞、隧道等道路工程构造物的方法，并通过一定数量的工程实例运用正投影原理阅读工程图样。

　　要掌握道路工程上常用的各种表达方法，熟记道路工程中的图例；了解道路、桥梁、涵洞、隧道等的图示内容及特点；参照立体图仔细分析道路工程构造物与工程图样之间的关系；特别是要经常注意观察和了解道路、桥梁、涵洞、隧道等工程构造物。

第 **1** 章

绘图工具与用品

主要内容	能力要求	相关知识
绘图工具与用品	了解常用绘图工具与用品,会使用绘图工具	图板
		铅笔
		丁字尺
		三角板
		分规与圆规

　　手工绘制工程图必须借助绘图工具来进行,要想绘制速度快、图样质量好,就必须正确、熟练地掌握使用方法。

　　传统的绘图工具种类繁多,常用的有图板、铅笔、丁字尺、三角板、分规与圆规等,如图 1-1 所示。现将主要工具分述如下。

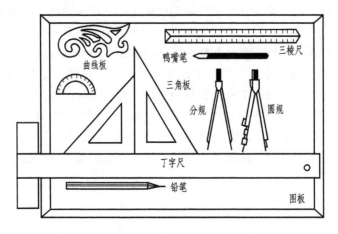

图 1-1　常用制图工具

1.1　图板

　　图板主要用作画图的垫板。图板板面应质地松软、光滑平整、有弹性、图板两端要平整,角边应垂直。图板的大小有 0 号、1 号、2 号等各种不同规格,可根据所画图幅的大小而选定。

1.2　铅笔

绘图铅笔的铅芯硬度用 B 和 H 表示，B 表示软而浓，H 表示硬而淡，HB 表示软硬适中。画底稿时常用 H~2H 铅笔，描粗时常用 HB~2B 铅笔。

铅笔应削成如图 1-2 所示的式样，削好的铅笔还要用 0 号砂纸将铅芯磨成圆锥形，以保证所画图线粗细均匀。

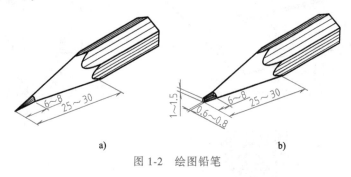

a)　　　　　　　　　　　　b)

图 1-2　绘图铅笔

使用铅笔绘图时，握笔要稳，运笔要自如。画长线时可转动铅笔，使图线粗细均匀。铅笔与尺身的相对位置如图 1-3 所示，握铅笔方法如图 1-4 所示。

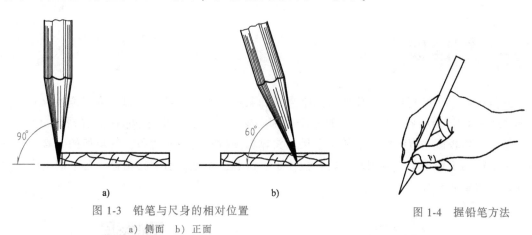

a)　　　　　　　　　　　　b)

图 1-3　铅笔与尺身的相对位置
a）侧面　b）正面

图 1-4　握铅笔方法

1.3　丁字尺

丁字尺由相互垂直的尺头和尺身构成，丁字尺与图板配合，主要用来画水平线，如图 1-5 所示。使用时应检查尺头和尺身是否坚固，再检查尺身的工作边和尺头内侧是否平直光滑。

用丁字尺画水平线时，铅笔应沿着尺身工作边从左画到右，如水平线较多，则应由上而下逐条画出。丁字尺每次移动位置都要注意尺头是否紧靠图板，画线时应防止尺身移动。如图 1-6 所示为移动丁字尺的手势。

为保证图线的准确，不允许用丁字尺的下边画线，也不许把尺头靠在图板的上边、下边或右边来画垂直线或水平线。

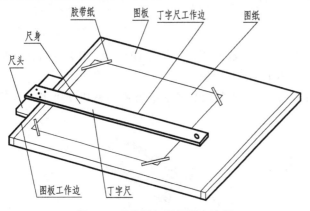

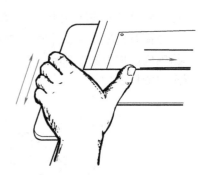

图 1-5　丁字尺与图板配合使用　　　　图 1-6　移动丁字尺的手势

丁字尺（视频）

丁字尺的使用方法（视频）

1.4　三角板

三角板与丁字尺配合，主要用来画垂直线和某些角度的斜线，一副三角板包括 45°三角板和 30°—60°三角板各一块。它的每一个角都必须十分准确，各边都应平直光滑。

使用三角板画垂直线时，应使丁字尺尺头靠紧图板左边硬木边条，三角板的一直角边紧靠在丁字尺的工作边上，再用左手轻轻按住丁字尺和三角板，右手持铅笔，自下而上画出垂直线，如图 1-7 所示。

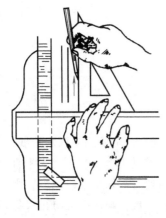

三角板与丁字尺配合使用（视频）

图 1-7　用三角板画垂直线

两块三角板与丁字尺配合使用（视频）

1.5 分规与圆规

1.5.1 分规

分规是截量长度和等分线段的工具，使用方法如图1-8所示。使用分规时应保持清洁，防止碰坏，并使两针尖接触对齐。

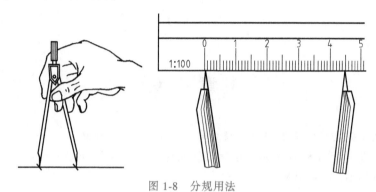

图1-8 分规用法

1.5.2 圆规

圆规是用来画圆或圆弧的仪器，它与分规形状相似。在一条腿上附有插脚，换上不同的插脚可作不同的用途，其插脚有三种：钢针插脚、铅笔插脚和墨水笔插脚，如图1-9所示。

圆规的用法如图1-10所示。画圆时，圆规应稍向前倾斜，整个圆或整段圆弧应一次画完，画较大的圆弧时，应使圆规两脚与纸面垂直。画更大的圆弧时要接上延长杆，如

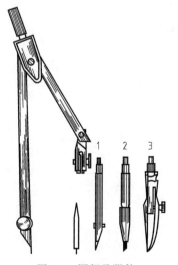

图1-9 圆规及附件
1—钢针插脚 2—铅笔插脚
3—墨水笔插脚

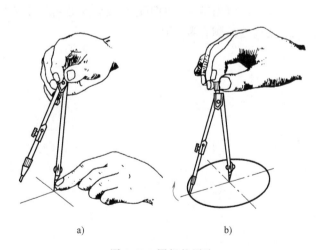

a)   b)

图1-10 圆规的用法

图 1-11 所示。圆规铅芯宜磨成楔形，并使斜面向外，其硬度应比所画同种直线的铅笔软一号，以保证图线深浅一致。

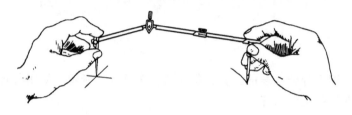

图 1-11　接上延长杆画大圆

本 章 小 结

图板　图板主要用作画图的垫板，有 0 号、1 号、2 号等规格。

铅笔　铅芯硬度用 B 和 H 表示，B 表示软而浓，H 表示硬而淡，画底稿时常用 H～2H 铅笔，描粗时常用 HB～2B 铅笔。

丁字尺　丁字尺主要用来与图板配合画水平线，丁字尺移动时要保证尺紧靠图板工作边。

三角板　一副三角板包括 45°三角板和 30°—60°三角板各一块，主要用来与丁字尺配合画垂直线和某些角度的斜线。

分规与圆规　分规用来截量长度和等分线段，圆规用来画圆或圆弧。

复习思考题

1. 是否可以用丁字尺的下边画线？是否可用丁字尺画垂直线？
2. 圆规的插脚有哪几种？

第 2 章

道路工程基本制图标准

主要内容	能力要求	相关知识
基本制图标准	1. 了解国家制图标准的主要内容 2. 了解图纸幅面、标题栏的规定 3. 理解图线的线型要求和主要用途,能绘制出各种线型 4. 会按国标要求书写长仿宋体字、数字、字母 5. 理解比例的概念与规定 6. 掌握尺寸标注的组成、规定和标注方法	制图标准简介
		图幅
		字体
		图线
		比例
		尺寸标注

工程图是施工过程中的重要技术资料和主要依据。为使工程图样图形准确、图面清晰,符合生产要求和便于技术交流,要求工程图样基本统一,《道路工程制图标准》(GB 50162—1992)中对图幅大小、图线的线型、尺寸标注、图例、字体等做了统一的规定。

2.1 图幅

图幅是指图纸的幅面大小。每项工程都会有一整套的图纸,为了便于装订、保存和合理使用图纸,国家标准对图纸幅面进行了规定,见表 2-1。尺寸代号如图 2-1 所示。在选用图幅时,应以某一种规格为主,尽量避免大小幅面掺杂使用。

表 2-1　图幅及图框尺寸　　　　　　　　　　　　　　(单位:mm)

尺寸代号	图幅代号				
	A0	A1	A2	A3	A4
	尺寸				
$B\times L$	841×1189	594×841	420×594	297×420	210×297
a	35	35	35	30	25
c	10	10	10	10	10

图纸幅面的长边 L 是短边 B 的 $\sqrt{2}$ 倍,即 $L=\sqrt{2}B$,且 A0 幅面的面积为 $1\mathrm{m}^2$。A1 幅面是沿 A0 幅面长边的对裁,A2 幅面是沿 A1 幅面长边的对裁,其他幅面类推。

根据需要,图纸幅面的长边可以加长,但短边不得加宽,长边加长的尺寸应符合有关规定。长边加长时图幅 A0、A2、A4 应为 150mm 的整倍数,图幅 A1、A3 应为 210mm 的整倍数。

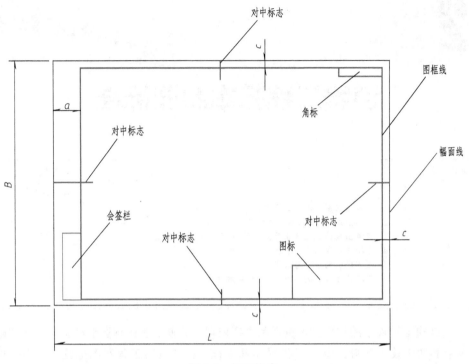

图 2-1　幅面格式

　　图框内右下角应绘图纸标题栏，国标规定的格式有三种，如图 2-2 所示。图标外框线线宽宜为 0.7mm；图标内分格线线宽宜为 0.25mm。

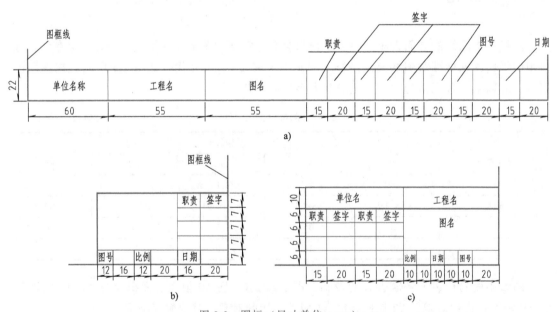

图 2-2　图标（尺寸单位：mm）

　　在道路路线平面图、道路路线纵断面图、路基横断面上，需要绘制角标。

　　当图纸要绘制角标时，应布置在图框内右上角，如图 2-3 所示。角标线线宽宜为 0.25mm。

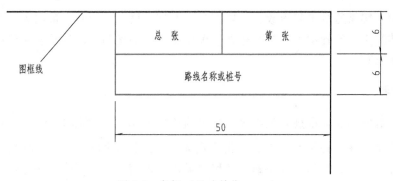

图 2-3　角标（尺寸单位：mm）

在道路工程中，一般采用 A3 或 A3 加长的图纸幅面，并且横向装订成册。一般采用图 2-2a 所示的标题栏，画在图纸右下角。图 2-4 所示为某道路工程中的路线纵断面图，在该道路工程中共有 6 张路线纵断面图，这是第 6 张，位于 K3+500～K3+966.385 段。

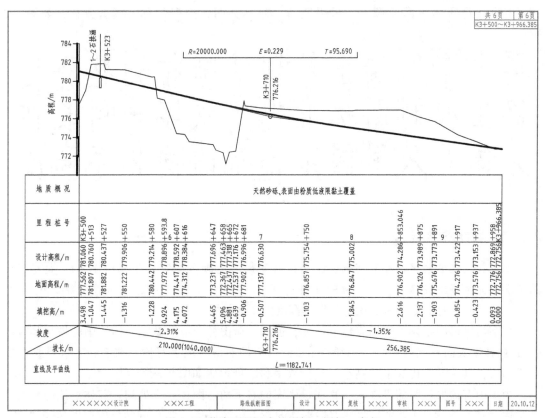

图 2-4　道路工程图中的图框、图标、角标

2.2　字体

文字、数字、字母或符号是工程图的重要组成部分。若字体潦草，会导致辨认困难，或

引起读图错误，容易造成工程事故，给国家和个人带来损失，同时也影响图面整洁美观。因此，要求字体端正、笔画清晰、排列整齐、标点符号清楚正确；而且要求采用规定的字体和按规定的大小书写。

2.2.1 汉字

道路工程制图国家标准规定图中汉字应采用长仿宋体字（又称工程字），并采用国家正式公布的简化字，除有特殊要求外，不得采用繁体字。汉字的宽度与高度的比例为 $1:\sqrt{2}$，字体的高度即为字号，长仿宋体字的高度尺寸见表2-2。汉字书写要求采用从左向右、横向书写的格式，且汉字高度不宜小于3.5mm。

表2-2　长仿宋体字的高度尺寸　　　　　　　　　　　（单位：mm）

字高（字号）	20	14	10	7	5	3.5	2.5
字宽	14	10	7	5	3.5	2.5	1.8

书写长仿宋体字的要领是：横平竖直，起落分明，排列匀称，填满方格，如图2-5所示。

图2-5　汉字示例

2.2.2 数字和字母

图中的阿拉伯数字、外文字母、汉语拼音字母的笔画宽度宜为字高的1/10。大写字母的宽度宜为字高的2/3；小写字母的高度应以 b、f、h、p、g 为准，字宽宜为字高的1/2，a、m、n、o、e 的字宽宜为上述小写字母高度的2/3。

数字与字母的字体可采用直体或斜体，但同一册图样中应一致。直体笔画的横与竖应成90°；斜体字头向右倾斜，与水平线应成75°。字母不得写成手写体。数字、字母要与汉字同行书写，其字高应比汉字的高小一号。数字和字母示例如图2-6所示。

当图中有需要说明的事项时，宜在每张图的右下角、图标上方处加以叙述。该部分文字应采用"注"字表明，"注"写在叙述事项的左上角，每条"注"的结尾应标以句号"。"。

说明事项需要划分层次时，第一、二、三层次的编号应分别用阿拉伯数字、带括号的阿拉伯数字及带圆圈的阿拉伯数字标注。当表示数量时，应采用阿拉伯数字书写。如三千零五十毫米应写成3050mm，三十二小时应写成32h。分数不得用数字与汉字混合表示，如：五分之一应写成1/5，不得写成5分之1。不够整数位的小数数字，小数点前应加0定位。

若是计算机绘图，在注写数字与子母时选用字体 iso.shx 可符合上述要求。图2-4所示路线纵断面图中的汉字采用的是长仿宋体，数字与字母采用的是 iso.shx 字体。

图 2-6　数字和字母示例

2.3　图线

工程图由不同种类的线型、不同粗细的线条所构成，这些图线可表达图样的不同内容以及分清图中的主次。

国标对线型及线宽做了规定，工程图中的图线的线型、线宽、用途及其画法见表 2-3。图 2-7 所示为各种线型在桥墩投影图中的应用实例。

表 2-3　图线的线型、线宽、用途及其画法

名称	线　　型	线宽	一　般　用　途
粗实线	——————————	b	可见轮廓线、钢筋线、剖切符号
细实线	——————————	$0.25b$	尺寸线、剖面线、引出线、图例线、原地面线
中粗实线	——————————	$0.5b$	较细的可见轮廓线、钢筋线
加粗实线	——————————	$(1.4\sim2.0)b$	图框线、平面图中的设计线
粗虚线	— — — — — — —	b	地下管道或建筑物
中粗虚线	— — — — — — —	$0.5b$	不可见轮廓线
细虚线	— — — — — — —	$0.25b$	道路纵断面图中竖曲线的切线
细点划线	—·—·—·—·—·—	$0.25b$	中心线、对称线、轴线
中粗点划线	—·—·—·—·—	$0.5b$	用地界线

（续）

名称	线　型	线宽	一般用途
双点划线	—··—··—	0.25b	假想轮廓线、规划道路中线、地下水位线
粗双点划线	▬··▬··▬	b	规划红线
波浪线	〜〜〜	0.25b	断开界线
折断线	——／\——	0.25b	断开界线

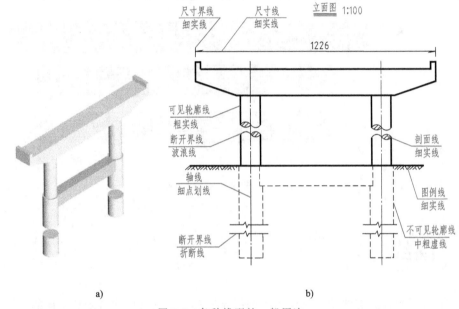

a)　　　　　　　　　　b)

图 2-7　各种线型的一般用途

a）立体图　b）投影图

道路路线工程图中的图线应符合以下规定：

1）在路线平面图中，设计路线应采用加粗实线；平曲线的切线采用细实线；原有道路边线用细实线，如图 2-8 所示。

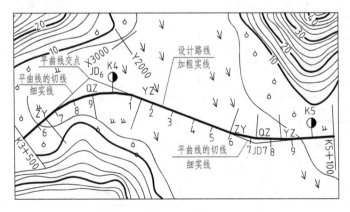

图 2-8　路线平面图中的图线

2）在路线纵断面图中，道路设计线应采用粗实线；原地面线应采用细实线；地下水位线应采用细双点划线及水位符号表示；当路线坡度发生变化时，变坡点应用直径为 2mm 中粗线圆圈表示；切线应采用细虚线；竖曲线应采用粗实线，如图 2-9 所示。

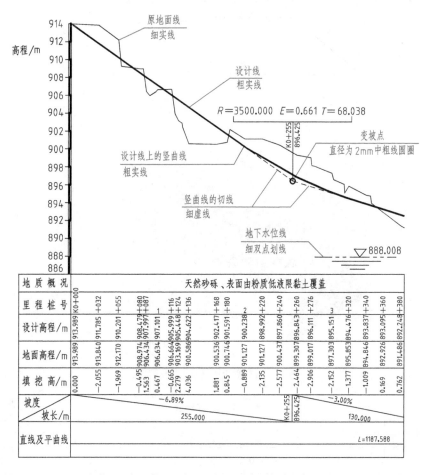

图 2-9 路线纵断面图中的图线

3）在路线横断面图中，路面线、路肩线、边坡线、护坡线均应采用粗实线；路面厚度应采用中粗实线；原有地面线应采用细实线，设计或原有道路中线应采用细点划线，如图 2-10 所示。

图线的宽度应根据图的复杂程度及比例大小，从国标规定的线宽（mm）系列中选取：0.18、0.25、0.35、0.5、0.7、1.0、1.4、2.0。每个图样一般使用三种线宽，且互成一定的比例，即粗线（线宽为 b）、中粗线、细线，比例规定为 $b : 0.5b : 0.25b$。绘图时，应根据图样的复杂程度及比例大小，选用表 2-4 所示的线宽组合。

在同一张图样内相同比例的各图形，应采用相同的线宽组合。

图框线和标题栏线的宽度见表 2-5。

相交图线的绘制应符合下列规定：

1）当虚线与虚线或虚线与实线相交时，相交处不应留空隙，如图 2-11a 所示。

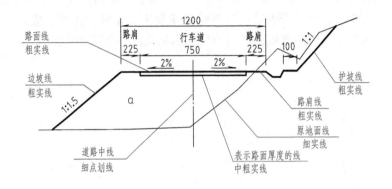

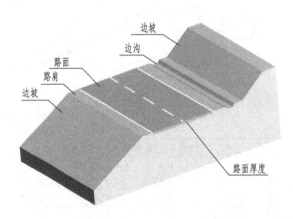

图 2-10 路线横断面图中的图线

表 2-4 线宽组合 （单位：mm）

线宽类别	线宽系列				
b	1.4	1.0	0.7	0.5	0.35
$0.50b$	0.7	0.5	0.35	0.25	0.25
$0.25b$	0.35	0.25	0.18 (0.2)	0.13 (0.15)	0.13 (0.15)

表 2-5 图框线和标题栏线的宽度 （单位：mm）

图纸幅面	图 框 线	标题栏外框线	标题栏分格线
A0、A1	1.4	0.7	0.25
A2、A3、A4	1.0	0.7	0.25

2）当点划线与点划线或点划线与其他线相交时，交点应设在线段处，如图 2-11a 所示。

3）当实线的延长线为虚线时，应留空隙，如图 2-11b 所示。

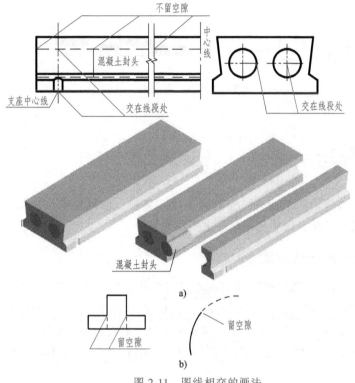

图 2-11　图线相交的画法

2.4　比例

　　图样中图形与实物相应线性尺寸之比，称为比例。绘图比例的选择，应遵循图面布置合理、均匀、美观的原则，按图形大小及图面复杂程度确定，一般优先选用表 2-6 中的常用比例。

表 2-6　绘图所用的比例

常用比例	1：1	1：2	1：5	1：10	1：20	1：50
	1：100	1：200	1：500	1：1000	1：2000	1：5000
	1：10000	1：20000	1：50000	1：100000	1：200000	
可用比例	1：3	1：15	1：25	1：30	1：40	1：60
	1：150	1：250	1：300	1：400	1：600	
	1：1500	1：2500	1：3000	1：4000		
	1：6000	1：15000	1：30000			

　　比例应采用阿拉伯数字表示，宜标注在视图图名的右侧或下方，字高可为视图图名字高的 0.7 倍，如图 2-12 所示，又如图 2-7 所示桥墩投影图上的比例标注。当同一张图样中的比例完全相同时，可在图标中注明，也可以在图样中适当位置采用标尺标注，如图 2-4 中所示的高程标注。当竖直方向与水平方向的比例不同时，可采用 V 表示竖直方向比例，用 H 表

示水平方向比例，如图 2-12 所示。

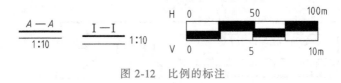

图 2-12　比例的标注

2.5　尺寸标注

工程图上除画出构造物的形状外，还必须准确、完整、清晰地标注出构造物的实际尺寸，作为施工的依据。因此，尺寸是图样的重要组成部分。

2.5.1　尺寸标注中的一些规定

1）图上所有尺寸数字是物体的实际大小数值，与图的比例无关。

2）在道路工程图中，线路的里程桩号以 km 为单位；标高、坡长和曲线要素均以 m 为单位；一般砖、石、混凝土等工程结构物及钢筋和钢材的长度以 cm 为单位；钢筋和钢材断面以 mm 为单位。图上尺寸数字之后不必注写单位，但在注解及技术要求中要注明尺寸单位。

2.5.2　尺寸的组成及标注方法

图样上标注的尺寸，由尺寸界线、尺寸线、尺寸起止符和尺寸数字四部分组成，如图 2-13 所示。

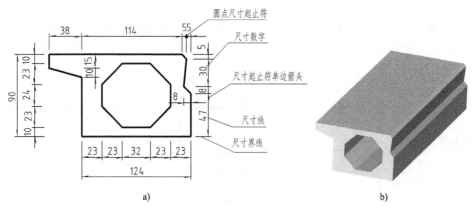

图 2-13　空心板横断面尺寸标注
a）投影图　b）立体图示意

1. 尺寸线

尺寸线用细实线绘制，应与被标注长度平行，且不应超出尺寸界线。任何其他图线都不能作为尺寸线。相互平行的尺寸线应从被标注的图形轮廓线由近向远排列，并且小尺寸在内、大尺寸在外。所有平行尺寸线间的间距一般在 5~15mm 之间。同一张图样上这种间距应当保持一致，如图 2-14 所示。

2. 尺寸界线

尺寸界线用细实线绘制，由一对垂直于被标注长度的平行线组成，其间距等于被标注线段的长度，尺寸界线的一端应靠近所标注的图形轮廓线，另一端应超出尺寸线 1~3mm，如图 2-14 所示。图形轮廓线、中心线也可作为尺寸界线，如图 2-14 所示 D26 的标注就以轮廓线为尺寸界线。

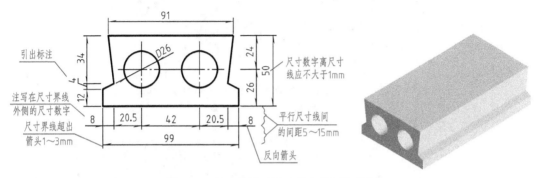

图 2-14 尺寸界线及尺寸数字的标注示例
(空心板横断面尺寸标注)

3. 尺寸起止符

尺寸线与尺寸界线的交点为尺寸的起止点，在起止点上应画尺寸起止符号。尺寸起止符号宜采用单边箭头表示，箭头在尺寸界线的右边时，应标注在尺寸线之上；反之，应标注在尺寸线之下。箭头大小可按绘图比例取值。尺寸起止符也可采用顺时针方向转 45° 的斜短线表示，长度为 2~3mm。同一张图样上应该采用同一种尺寸起止符，道路工程制图中一般采用单边箭头。在连续表示的小尺寸中，也可在尺寸界线同一水平的位置，用黑圆点表示中间部分的尺寸起止符，如图 2-13 所示。

4. 尺寸数字

尺寸数字应按规定的字体书写，字高一般是 3.5mm 或 2.5mm。尺寸数字一般标注在尺寸线上方中部，离尺寸线应不大于 1mm。当标注位置不足时，可采用反向箭头。最外边的尺寸数字，可标注在尺寸界线外侧箭头的上方，中间相邻的尺寸数字可错开标注，也可引出标注，如图 2-14 所示。尺寸均应标注在图样轮廓线以外，任何图线不得穿过尺寸数字，当不可避免时，应将尺寸数字处的图线断开。

尺寸数字及文字的标注如图 2-15 所示，即水平尺寸字头朝上，垂直尺寸字头朝左，倾斜尺寸的尺寸数字都应保持字头仍有朝上趋势。同一张图样上，尺寸数字的大小应相同。

5. 引出线的标注

引出线的斜线与水平线应采用细实线绘制，其交角 α 可按 90°、120°、135°、150° 绘制。当图形需要文字说明时，可将文字说明标注在引出线的水平线上。当斜线在一条以上时，各斜线宜平行或交于一点，如图 2-16 所示。

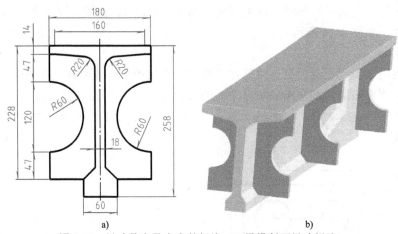

图 2-15　尺寸数字及文字的标注（T梁横断面尺寸标注）

a）投影图　b）立体图示意

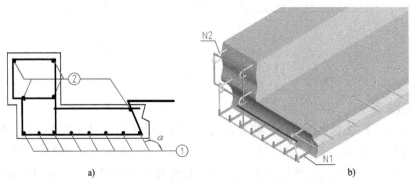

图 2-16　引出线的标注（涵洞盖板钢筋结构横断面图）

a）投影图　b）立体图示意

6. 半径与直径的标注

在标注圆的直径尺寸数字前面，加注符号"ϕ"或"$d(D)$"，在半径尺寸数字前面，加注符号"$r(R)$"，如图 2-17a 所示。当圆的直径较小时，半径与直径可按图 2-17b、c 所示标注；当圆的直径较大时，半径尺寸的起点可不从圆心开始，按图 2-17d 中的 $R1300$ 标注方法。

7. 弧长与弦长的标注

圆弧弧长尺寸按图 2-18a 所示标注，尺寸界线也可沿径向引出，如图 2-18b 所示。弦长的尺寸界线应垂直于该圆弧的弦，如图 2-18c 所示。图 2-18d 所示为桥梁中各种钢筋圆弧长度的标注示例，图 2-18e 所示为石拱涵拱圈部分弦长的标注示例。

8. 球的标注

标注球体的尺寸时，应在直径和半径符号前加 S，如"$S\phi$""SR"。

9. 角度的标注

角度的尺寸线应以圆弧来表示，角的两边为尺寸界线。角度数值宜写在尺寸线上方中部，如图 2-19 所示。当角度太小时，可将尺寸线标注在角的两条边的外侧，角度数字应按图 2-19 中的 45°所示标注。

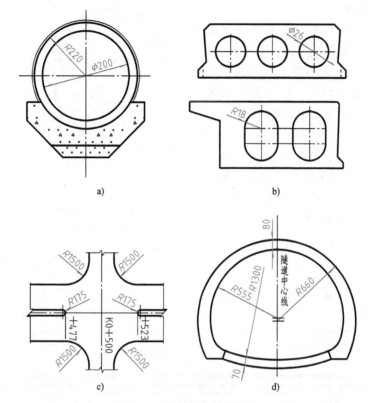

图 2-17 半径与直径的标注

a) 涵洞洞身横断面图中半径与直径的标注 b) 空心板横断面图中半径与直径的标注

c) 道路平面图中半径的标注 d) 隧道洞身衬砌横断面图中半径的标注

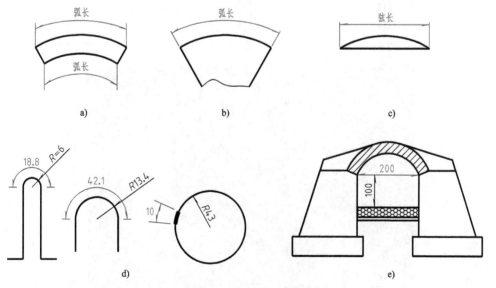

图 2-18 弧长与弦长的标注

a)、b) 圆弧长度的标注 c) 弦长的标注 d) 桥梁中各种钢筋圆弧长

度的标注 e) 石拱涵拱圈部分弦长的标注

10. 标高的标注

标高符号应采用细实线绘制的等腰直角三角形表示。三角形符号高为 2～3mm，底角为 45°。三角形顶角应指在需要标注的被注点上，顶角向上、向下均可。标注数字宜标注在三角形的右边。负标高应冠以"–"号，正标高（包括零标高）数字前可不冠以"+"号。当图形复杂时，也可采用引出线形式标注，如图 2-20a 中的引出线形式所示。水位线标注如图 2-20b 所示。图 2-20c 所示为桥梁图中标高及水位线的标注示例。

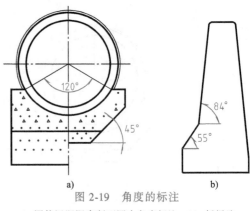

图 2-19　角度的标注

a）圆管涵洞洞身断面图中角度标注　b）桥梁防撞墙上的角度标注

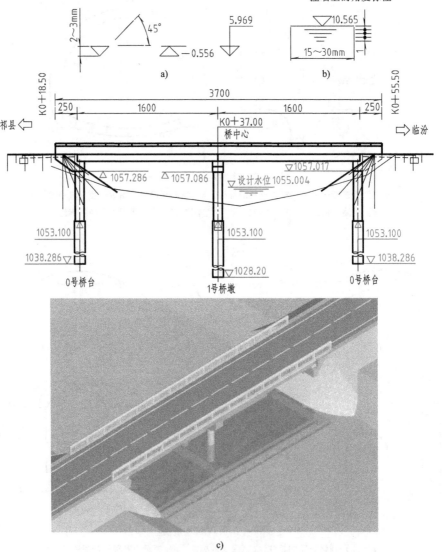

图 2-20　标高与水位的标注

a）标高的标注　b）水位的标注　c）桥梁图中标高及水位线的标注示例

11. 坡度的标注

当坡度值较小时，坡度的标注宜用百分率表示，并应标注坡度符号。坡度符号应由细实线、单边箭头以及在线上标注的百分数组成，坡度符号的箭头应指向下坡，如图 2-21 所示路基横断面图中路面横向坡度的标注。当坡度值较大时，坡度的标注宜用比例的形式表示，例如 1：n，如图 2-21a 所示路基横断面图中路堤边坡与路堑边坡坡度的标注。

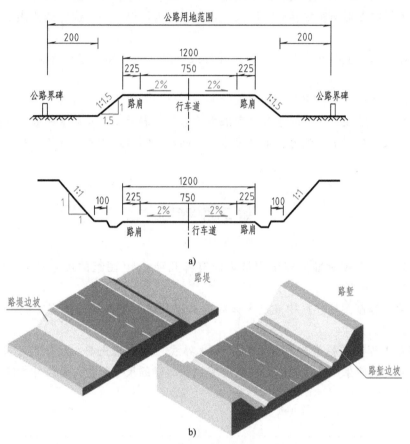

图 2-21　路基横断面图中坡度的标注
a）投影图　b）立体图示意

本 章 小 结

本章主要介绍了《道路工程制图标准》对图幅、字体、图线、比例、尺寸标注等的有关规定。

图幅　《道路工程制图标准》对图纸幅面作了规定，图纸幅面的长边 L 是短边 B 的 $\sqrt{2}$ 倍，即 $L=\sqrt{2}B$，且 A0 幅面的面积为 1m^2，A0 幅面为 841mm×1189mm。A1 幅面是沿 A0 幅面长边的对裁，其他幅面类推。

《道路工程制图标准》规定，图框内右下角应绘图纸标题栏，国标规定的格式有三种。

字体 《道路工程制图标准》规定，图中汉字应采用长仿宋体字。汉字的宽度与高度的比例为 $1:\sqrt{2}$。

图线 《道路工程制图标准》规定，工程图样一般使用三种线宽，即粗线（线宽为 b）、中粗线、细线，其比例规定为 $b:0.5b:0.25b$。粗实线用于轮廓线，中虚线用于不可见轮廓线，细点划线表示对称中心线，细实线用于尺寸线、尺寸界线、剖面线等。

比例 图样中图形与实物相应线性尺寸之比，称为比例。一般优先选用表 2-6 中的常用比例。

尺寸标注 图样上标注的尺寸，由尺寸界线、尺寸线、尺寸起止符和尺寸数字四部分组成。

尺寸线用细实线绘制，应与被标注长度平行；尺寸界线用细实线绘制，由一对垂直于被标注长度的平行线组成；尺寸起止符号宜采用单边箭头表示；尺寸数字一般标注在尺寸线上方中部，水平尺寸数字字头朝上，垂直尺寸字头朝左，倾斜尺寸的尺寸数字都应保持字头仍有朝上趋势。

复习思考题

1. 《道路工程制图标准》规定图纸幅面有哪几种？A0 图纸的尺寸是多少？如何得到 A1、A2、A3、A4 图纸？

2. 《道路工程制图标准》中规定字体高度有哪几种？字号是如何规定的？汉字采用什么字体？其高宽比如何？

3. 《道路工程制图标准》对尺寸线、尺寸界线、尺寸起止符、尺寸数字有哪些规定？尺寸线、尺寸界线应采用什么线型？一般应采用什么样的尺寸起止符？尺寸数字的方向应怎样确定？

第 **3** 章

几何作图

主要内容	能力要求	相关知识
几何作图	1. 会使用绘图工具绘制已知直线的平行线、垂直线和特殊角度的斜线 2. 会使用绘图工具任意等分直线段 3. 会绘制正多边形 4. 会徒手绘平面图形	作直线的平行线、垂直线和特殊角度的斜线
		任意等分直线段
		画正多边形

图样是由直线、曲线构成的几何图形。为了准确、迅速地绘制图样，并提高绘图质量，必须掌握各种几何图形的绘图方法。下面介绍几种常用的作图方法。

3.1 作已知直线的平行线和垂直线

3.1.1 过已知点作已知直线的平行线

过已知点 A 作已知直线 BC 的平行线，作图步骤如图 3-1a~d 所示。

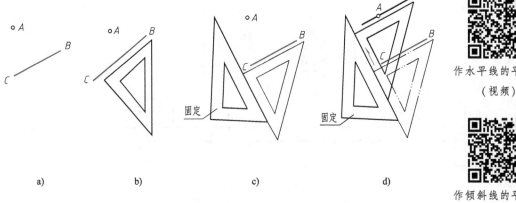

作水平线的平行线
（视频）

作倾斜线的平行线
（视频）

a)　　　b)　　　c)　　　d)

图 3-1　过已知点作已知直线的平行线

3.1.2 过已知点作已知直线的垂直线

已知点 A 和直线 BC，过 A 点作直线与 BC 垂直。作图的方法与步骤如图 3-2a~d 所示。

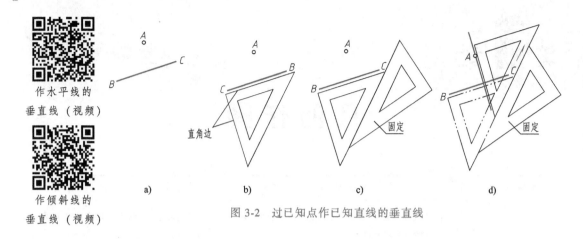

图 3-2　过已知点作已知直线的垂直线

3.1.3　绘制特殊角度的斜线

用一副三角板和丁字尺配合可画出与水平线成 15°及其倍数角（如 30°、45°、60°、75°等）的斜线，如图 3-3 所示。

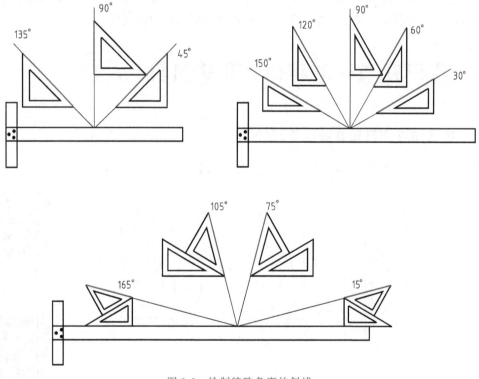

图 3-3　绘制特殊角度的斜线

3.2　任意等分已知线段

将如图 3-4a 所示的已知直线 AB 分为 5 等分。

1）过点 A 做任意直线 AC，在 AC 上任意截取 5 等分，并连接 B5，如图 3-4b 所示。

2）过各等分点作 B5 的平行线交 AB 得 4 个点，即分 AB 为 5 等分，如图 3-4c 所示。

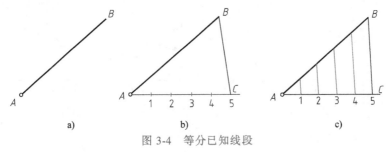

a)

b)

c)

图 3-4　等分已知线段

分直线段为任意等分（视频）

分两平行线之间的距离为已知等份（视频）

3.3　正多边形的画法

3.3.1　作正六边形

已知对角距求作正六边形，作图的方法与步骤如图 3-5a、b 所示。

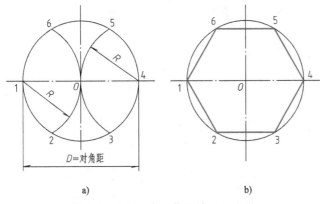

a)

b)

图 3-5　已知对角距作内接正六边形

正六边形的画法（视频）

3.3.2　作圆内接任意正多边形（以正九边形为例）

1）已知外接圆，作内接正九边形，先将直径 AB 分成为 9 等分，如图 3-6a 所示。

2）以点 B 为圆心，AB 为半径，画圆弧与 DC 的延长线相交于点 E，再自 E 点引直线与 AB 上每隔一分点（如 2、4、6、8 点）连接，并延长与圆周分别交于 F、G、H、I 等点，如图 3-6b 所示。

3）分别求出 F、G、H、I 的对称点 J、K、L 和 M，并顺次连接 A、F、G、H、I、J、K、L、M 等点，即得正九边形，如图3-6c所示。

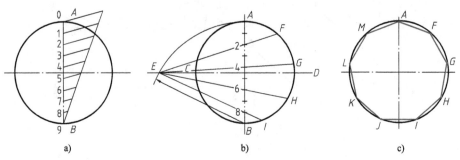

图 3-6 已知外接圆作内接正九边形

本 章 小 结

本章主要介绍了通过推三角板作已知直线的平行线和垂直线，用一副三角板和丁字尺配合绘制特殊角度的斜线，分已知线段为任意等分，作正多边形等基本作图方法。

复习思考题

1. 如何过已知点作已知直线的平行线和垂直线？
2. 如何用一副三角板和丁字尺配合画出与水平线成15°倍数角的斜线？
3. 如何将线段任意等分？
4. 如何作圆的内接任意正多边形？

第 **4** 章

投影的基本知识

主要内容	能力要求	相关知识
投影的概念与分类	1. 理解投影的概念 2. 了解投影的分类及正投影的特性	投影的概念
		投影的分类
		正投影的特性
物体的三面投影	1. 理解三面投影图的形成原理 2. 熟悉三面投影图的投影关系 3. 能够绘制简单形体的三面投影图	投影面体系的设置
		三面投影的形成
		投影面的展开
		三面投影图的投影关系
点的投影	1. 理解点的三面投影特性 2. 能够识读、绘制点的投影	点的三面投影
		*点的三面投影与直角坐标的关系
直线的投影	1. 理解直线的三面投影特性 2. 能够识读、绘制直线的三面投影图 *3. 能够分析三面投影中两直线的相对位置关系	一般位置直线的投影
		投影面平行线的投影
		投影面垂直线的投影
		*两直线的相对位置
平面的投影	1. 理解平面的三面投影特性 2. 能够识读、绘制平面的三面投影图 *3. 能够分析三面投影中点、直线、平面的相对位置关系	投影面平行面的投影
		投影面垂直面的投影
		一般位置平面的投影

4.1　投影的概念与分类

> **桥梁与投影**
>
> 　　如图 4-1 所示，当阳光照射在桥梁上时，在地面上就出现桥梁的影子，这一现象称为投影现象。物体的影子在一天不同的时间段影子的位置、大小是随时变化的。图中桥的投影随着时间的变化，在太阳光照射的角度和距离都在改变时，影子的位置、形状也随之改变。也就是说，光线、物体和影子三者之间存在着紧密的联系。

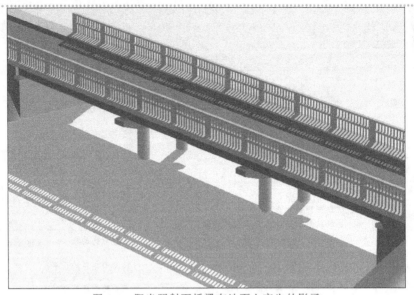

图 4-1　阳光照射下桥梁在地面上产生的影子

4.1.1　投影的概念

如图 4-2a 所示，形体在正上方的灯光照射下，产生了影子，随着光源、物体和投影面之间距离的变化，影子的大小、形状会发生相应的变化，这是光线从一点射出的情形。如果

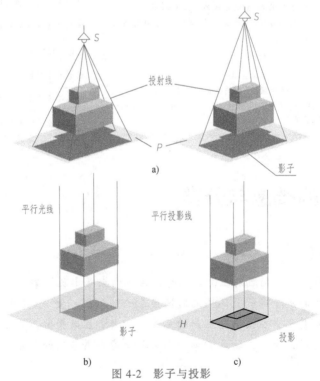

图 4-2　影子与投影

假想把光源移到无穷远处，即假设光线变为互相平行并垂直于地面时，影子的大小、形状就与形体底面一样了，如图 4-2b 所示。

把阳光、灯泡等光源称为：投影中心 S，把地面、墙壁称为投影面 P，把光线称为投射线，这三者构成了投影面体系。

把形体置入投影体系当中，在投影面上就得到了影子，即形体的外部轮廓。画出形体内外轮廓及内外表面交线，且沿投影方向凡可见的轮廓线画实线，不可见的轮廓线画虚线。这样，形体的影子就抽象成为投影图，简称投影，如图 4-2c 所示。

这种以投影的方法达到用二维平面图形表示三维形体的方法，称为投影法。

 观察与思考

皮影戏，又叫灯影戏，以灯光照射兽皮或纸板做成的各类人像物体，表现故事，如图 4-3 所示。

皮影戏最早诞生在两千多年前的西汉，发祥于中国陕西，成熟于唐宋时代的秦晋豫，极盛于清代的河北。顾名思义，皮影是采用皮革为材料制成的，采用红、黄、青、绿、黑五种纯色的透明颜料上色。皮影人物及道具在背后灯光照耀下投影到布幕上的影子显得瑰丽而晶莹别透，具有独特的美感。皮影人物由头、上身、下身、两腿、两上臂、两下臂和两手十一件连缀组成，表演者通过控制人物脖领前的一根主杆和在两手腕处的两根耍杆来使人物做出各式各样的动作。如今，我国皮影已被世界各国的博物馆争相收藏，同时也成为我国政府与其他国家领导人相互往来时的馈赠礼品。

皮影戏表演过程就应用了投影原理：皮影人物及道具就是要表达的物体，灯光就是投射线，布幕便是投影面，布幕上的影子就是投影。

图 4-3　皮影戏

4.1.2　投影的分类

按投影线的不同情况，投影可分为两大类：

1. 中心投影

由一点发出投影线投影到形体上所形成的投影，叫中心投影，如图 4-4 所示。中心投影的大小与形体、投影中心、投影面三者之间的距离有关。在投影中心与投影面之间距离不变的情况下，形体离投影中心越近，投影越大，反之越小。

2. 平行投影

由互相平行的投射线投影到形体上所形成的投影称为平行投影。平行投影的大小与形体离投影面的距离大小无关。

根据投射线与投影面的夹角不同，平行投影又可以分为：

（1）斜投影　平行投射线倾斜于投影面所得到的投影，称为斜投影，如图 4-5a 所示。

（2）正投影　平行投射线垂直于投影面所得到的投影，称为正投影，如图 4-5b 所示。

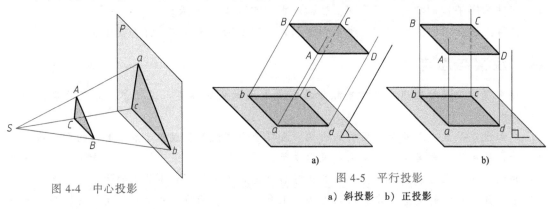

图 4-4　中心投影

图 4-5　平行投影

a）斜投影　b）正投影

4.1.3　正投影的特性

1. 类似性

点的投影仍是点，如图 4-6a 所示。

直线的投影在一般情况下仍为直线，当直线段倾斜于投影面时，其正投影短于实长。如图 4-6b 所示，通过直线 AB 上各点的投射线，形成一平面 ABba，它与投影面 H 的交线 ab 即为 AB 的投影。

平面图形的投影在一般情况下仍为类似的平面图形，当平面倾斜于投影面时，其正投影小于实形，如图 4-6c 所示。

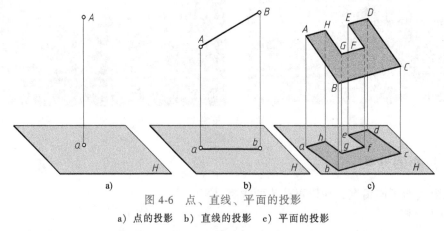

图 4-6　点、直线、平面的投影

a）点的投影　b）直线的投影　c）平面的投影

2. 实形性

平行于投影面的直线和平面，其投影反映实长和实形。

如图 4-7 所示，直线 AB 平行于投影面 H，其投影 $ab=AB$，即反映 AB 的真实长度。平面图形 $ABCDEFGH$ 与 H 面平行，其投影 $abcdefgh$ 反映其真实大小。

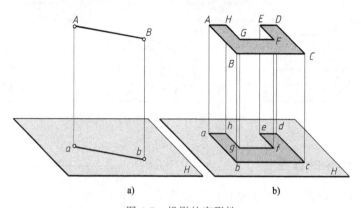

图 4-7 投影的实形性

a）直线平行于投影面 b）平面平行于投影面

3. 积聚性

垂直于投影面的直线，其投影积聚为一点；垂直于投影面的平面，其投影积聚为一条直线。

如图 4-8 所示，直线 AB 垂直于投影面 H，其投影积聚成一点 $a(b)$。平面图形垂直于投影面 H，其投影积聚成一直线 $a(b)h(g)e(f)d(c)$。

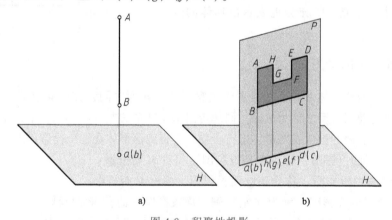

图 4-8 积聚性投影

a）直线垂直于投影面 b）平面垂直于投影面

在正投影的条件下，形体平行于投影面的表面，其正投影反映其真实形状大小。形体上与投影面垂直的表面，其正投影会积聚成线。所以，正投影作图较简便、度量性好，大多数的工程图样都是采用正投影法来绘制。

4.2 物体的三面投影

如图 4-9 所示，三个不同的形体，在一个投影面上的投影却是相同的。这说明根据形体的一个投影，一般是不能确定空间形体的形状和结构的，故工程制图中一般采用三面正投影的画法。

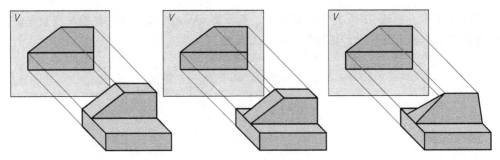

图 4-9　一个投影不能完全表达物体的形状与结构

4.2.1　投影面体系的设置

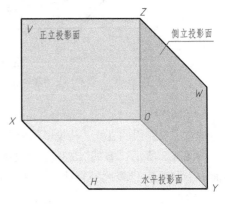

图 4-10　三投影面体系

如图 4-10 所示，设置三个相互垂直的平面作为三个投影面，水平放置的平面称为水平投影面，用字母"H"表示，简称为 H 面；正对观察者的平面称为正立投影面，用字母"V"表示，简称为 V 面；观察者右侧的平面称为侧立投影面，用字母"W"表示，简称为 W 面。三投影面两两相交构成三条投影轴 OX、OY 和 OZ，三轴的交点 O 称为原点。只有在这个体系中，才能比较充分地表示出形体的空间形状。

4.2.2　三面投影图的形成

将形体置于三投影面体系中，并且置于观察者和投影面之间，如图 4-11 所示。形体靠近观察者的一面称为前面，反之称为后面。同理定出形体其余的左、右、上、下四个面。用三组分别垂直于三个投影面的投射线对形体进行投影，就得到该形体在三个投影面上的投影。

在 H 面上所得的投影图，称为水平投影图，简称 H 面投影；

在 V 面上所得的投影图，称为正立面投影图，简称 V 面投影；

在 W 面上所得的投影图，称为（左）侧立面投影图，简称 W 面投影。

上述所得的 H、V、W 三个投影图就是形体最基本的三面投影图。根据形体的三面投影图，就可以确定该形体的空间位置和形状。

4.2.3　投影面的展开

为了使三个投影图能画在一张图纸上，就必须把三个垂直相交的投影面展开摊平在同一个平面上，其方法如图 4-12a 所示：V 面不动，H 面绕 OX 轴向下旋转 90°，W 面绕 OZ 轴向右旋转 90°，使它们转至与 V 面同在一个平面上，展开后的三个投影面就在同一平面上，如图 4-12b 所示。

投影面展开摊平后 Y 轴分为两处，用 Y_H（在 H 面上）和 Y_W（在 W 面上）表示。

为简化作图，在三面投影图中不画投影面的边框线，投影图之间的距离可根据需要而定，三条轴线也可省去，如图 4-13a 所示。

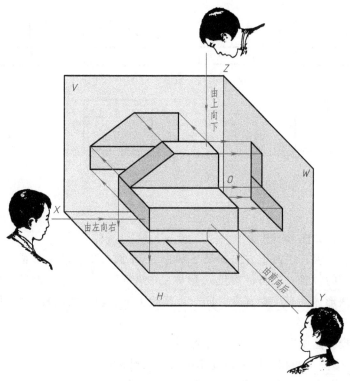

图 4-11 三面投影的形成

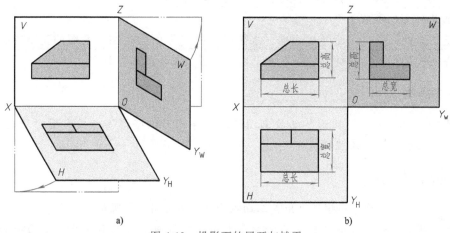

a)   b)

图 4-12 投影面的展开与摊平

4.2.4 三面投影图的投影关系

三面投影图是从形体的三个方向投影得到的。三个投影图之间是密切相关的，它们的关系主要表现在它们的度量和相互位置上的联系。

1. 投影中的长、宽、高和方位关系

每个形体都有长度、宽度、高度或左右、前后、上下三个方向的形状和大小变化。形体左右之间沿 OX 轴方向的距离称为长度；上下之间沿 OZ 轴的距离称为高度；前后之间沿 OY

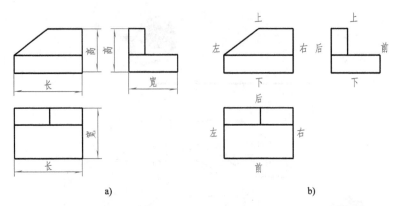

图 4-13　三面投影图

轴的距离称为宽度，如图 4-12b 所示。

每个投影图能反映其中两个方向的尺寸和位置：H 面投影反映形体的长度和宽度，同时也反映左右、前后的位置；V 面投影反映形体的长度和高度，同时也反映左右、上下的位置；W 面投影反映形体的高度和宽度，同时也反映上下、前后的位置，如图 4-13b 所示。

2. 投影图的三等关系

每两个相邻投影图中同一方向的尺寸相等，即：

V、H 两面投影图中的相应投影长度相等，即长对正；

V、W 两面投影图中的相应投影高度相等，即高平齐；

H、W 两面投影图中的相应投影宽度相等，即宽相等。

3. 投影位置的配置关系

以正立面投影图（立面图）为准，水平投影图（平面图）在立面图的正下方，侧立投影图（左侧投影图）在立面图的正右方。这种配置关系不能随意改变。

 投影分析

图 4-14 列出了几个不同形体的投影图例，同学们可以将形体与投影图对照起来分析，以加深对三面投影概念的理解。

引导作图

[例 4-1]　根据物体的模型画出其三面投影图，如图 4-15a 所示。

分析：根据物体的模型画出其三面投影图时，可假想地将模型正放在三面投影体系当中，并向三个投影面投影，如图 4-15b 所示，再将三个投影面展开，就形成三面投影图。

绘制物体的投影图时，应将物体上的棱线和轮廓线都画出来，并且按投影方向，可见的线用粗实线表示，不可见的线用虚线表示，当粗实线和虚线重合时只画粗实线。要沿 OX 轴方向量取长度（左右距离）；沿 OZ 轴量取高度（上下距离）；沿 OY 轴量取宽度（前后距离，如图 4-15a 所示）。在画投影图的过程中应注意保持长对正、高平齐、宽相等的三等关系。

作图步骤：

1）根据物体各部分的长度和高度先画出其正面投影，如图 4-15c 所示。

2）由"长对正"和宽度在正面投影的正下方作水平投影，如图 4-15d 所示。

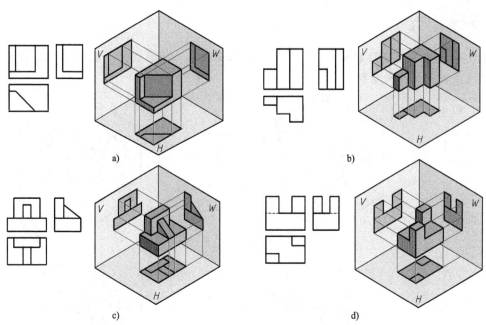

图 4-14 形体的三面投影图

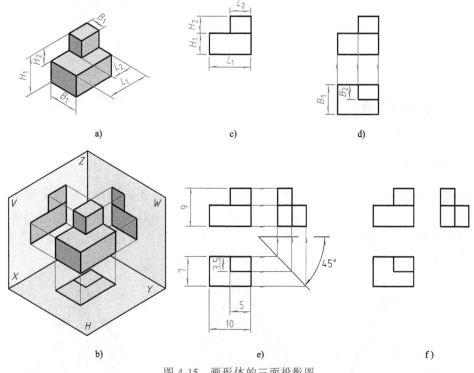

图 4-15 画形体的三面投影图

3）由"高平齐""宽相等"在正面投影的正右方作侧面投影（在正面投影的右下方画一条与水平方向成 45°的斜线，通过该斜线来保证宽相等，如图 4-15e 所示）。

所以，模型的三面投影图如图 4-15f 所示。

作图练习

图 4-16 中给出了物体的轴测投影图和它的正面投影，画出其水平投影和侧面投影（在立体图上沿投影轴方向量取尺寸）。

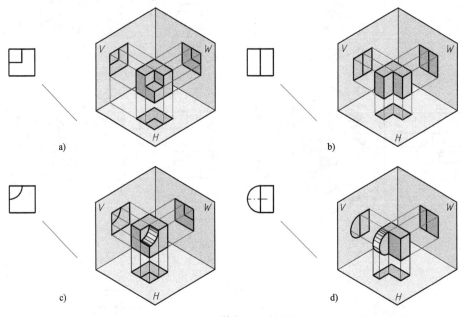

图 4-16　形体的三面投影图

4.3　点的投影

点与形体

如图 4-17 所示为三棱锥、六棱锥、五棱锥，棱锥都由棱面组成，各棱面相交成棱线，各棱线汇交于顶点，如三棱锥上的 A、B、C、S。显然绘制棱锥的三面投影图，实质上就是画出这些顶点的三面投影图，然后依次连接而成。由此可见，研究点、直线、平面的投影，对画和读形体的投影图都具有重要的意义。

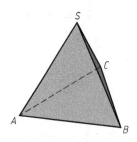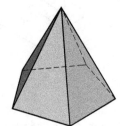

图 4-17　物体上的点

4.3.1　点的三面投影

1. 投影的形成

在图 4-18a 所示的 H、V、W 三面投影体系中，由空间点 A 分别向三个投影面 H、V、W 面引垂线，垂足 a、a′、a″ 即为点 A 的三面投影。按 4.2 所述的方法旋转、展开（图 4-18b），再去掉边框后，即得到图 4-18c 所示点 A 的三面投影图。

规定空间点用大写字母标记，如 A、B、C 等，H 面投影用相应的小写字母标记，如 a、b、c 等；V 面投影用相应的小写字母加一撇标记，如 a′、b′、c′ 等；W 面投影用相应的小写字母加两撇标记，如 a″、b″、c″ 等。

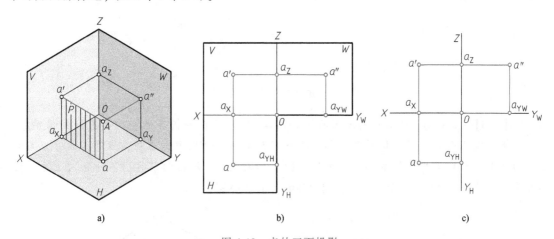

a)　　　　　　　　　　b)　　　　　　　　　　c)

图 4-18　点的三面投影

a）立体图　b）投影图　c）去边框后的投影图

2. 点的投影规律

如图 4-18a 所示，投射线 Aa 和 Aa′ 构成的平面 Aaa_Xa'（P 平面）垂直于 H 面和 V 面，则必垂直于 OX 轴，因而 $aa_X \perp OX$，$a'a_X \perp OX$。当 a 随 H 面绕 OX 轴旋转与 V 面平齐后，a、a_X、a′ 三点共线，且 $a'a \perp OX$ 轴，如图 4-18c 所示。同理可得，点 A 的正面投影与侧面投影的连线垂直于 OZ 轴，即 $a'a'' \perp OZ$。

空间点 A 的水平投影 a 到 OX 轴的距离和侧面投影 a″ 到 OZ 轴的距离均反映该点到 V 面的距离，$aa_X = a''a_Z = A$ 点到 V 面的距离。

综上所述，点的三面投影规律为：

1）点的正面投影 a′ 与水平投影 a 的连线垂直于 OX 轴（$aa' \perp OX$）。

2）点的正面投影 a′ 与侧面投影 a″ 的连线垂直于 OZ 轴（$a'a'' \perp OZ$）。

3）点的水平投影到 OX 轴的距离等于侧面投影 a″ 到 OZ 轴的距离（$aa_{YH} \perp OY_H$，$a''a_{YW} \perp OY_W$，即 $aa_X = a''a_Z$）。

根据上述投影规律可知：<u>由点的两面投影就可以确定点的空间位置，故只要已知点的任意两面投影，就可以运用投影规律求出该点的第三投影。</u>

✔ 引导作图

[例 4-2]　已知 A 点的水平投影 a 和正面投影 a′，求作侧面投影 a″。

作图步骤：

1）由 a' 作 OZ 轴的垂线 a'a_Z 并延长（图 4-19a）。

2）由 a 作 OY_H 轴的垂线 aa_{YH} 并延长，与过原点 O 的 45°辅助线相交，然后向上作 OY_W 轴的垂线与 a'a_Z 的延长线相交，交点即为 A 点的侧面投影 a"（图 4-19b）。

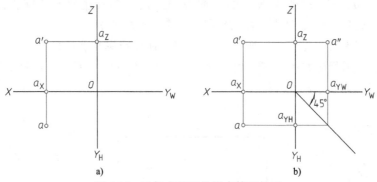

图 4-19　已知点的两投影求第三投影

[例 4-3]　已知 A、B 两点的三面投影如图 4-20a 所示，分析 A 点相对于 B 点的位置。

分析：空间两点的相对位置是以其中某一点为基准，判别另一点在该点的前后、左右和上下的位置，可以沿投影轴方向来判断。X 轴指向左侧，Y 轴指向前方，Z 轴指向上方。由此可见 A 点在 B 点的右、前、上方。图 4-20b 为其立体图。

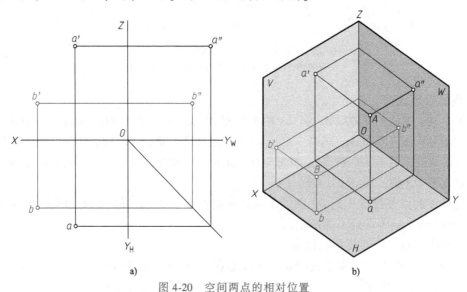

图 4-20　空间两点的相对位置

*4.3.2　点的三面投影与直角坐标的关系

若把三面投影体系当作直角坐标系，则投影面 V、H、W 相当于坐标面，投影轴 OX、OY、OZ 相当于坐标轴 X、Y、Z，则点到三个投影面的距离，就是点的坐标。如图 4-21a 所示，A 点到 W 面的距离为 X 坐标；A 点到 V 面的距离为 Y 坐标；A 点到 H 面的距离为 Z 坐标。

点的每个投影反映两个坐标。因此，一点的三面投影与点的坐标关系为：

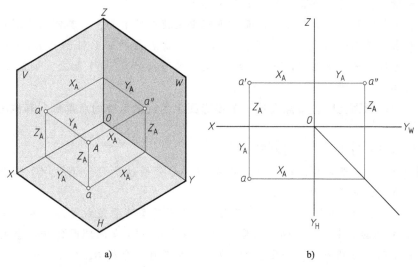

a)   b)

图 4-21　点的三面投影与坐标的关系

1）A 点的 H 面投影 a 可反映该点的 X 和 Y 坐标（a 到 Y 轴的距离等于该点的 X 坐标，到 X 轴的距离等于该点的 Y 坐标）。

2）A 点的 V 面投影 a' 可反映该点的 X 和 Z 坐标（a' 到 Z 轴的距离等于该点的 X 坐标，到 X 轴的距离等于该点的 Z 坐标）。

3）A 点的 W 面投影 a'' 可反映该点的 Y 和 Z 坐标（a'' 到 Z 轴的距离等于该点的 Y 坐标，到 Y 轴的距离等于该点的 Z 坐标）。

若用坐标表示空间 A 点，可写成（X_A，Y_A，Z_A）。

由此可知，点 A 的任意两个投影反映了点的三个坐标值，有了 A 点的一组坐标（X_A，Y_A，Z_A），就能唯一地确定该点的三面投影（a，a'，a''）。

*［例 4-4］

1. 如图 4-22a 所示长方体上的三个角点 F、M、N 分别位于 W、H、V 投影面上，分析他

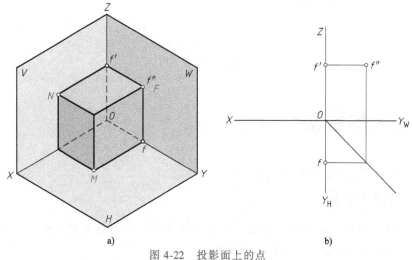

a)   b)

图 4-22　投影面上的点

a）立体图　b）投影图

们的三面投影情况，并完成点 M、N 的三面投影图。

分析：F 点在侧面上，由 F 点向侧面作垂线垂足就是其本身，故其侧面投影 f'' 与空间点 F 重合；由 F 点向正面作垂线，垂足落在 OZ 轴上，故 F 点的正面投影 f' 在 OZ 轴上；由 F 点向水平面作垂线，垂足落在 OY 轴上，故 F 点的水平投影 f 在 OY 轴上，如图 4-22b 所示。同理可以分析 M、N 点投影。

当点在某一投影面上时，该点在这一个投影面上的投影与空间点重合，其他两投影在相应的投影轴上。

请同学们自己分析 M、N 点的投影。

2. 如图 4-23a 所示长方体上的三个角点 A、B、C 分别位于 OX、OZ、OY 轴上。分析他们的三面投影情况，并完成 B、C 的三面投影图。

分析：A 点位于 OX 轴上，由 A 点向正面、水平面作垂线垂足就是其本身，故 A 点的正面投影 a'、水平投影 a 都在 OX 轴上与空间点 A 重合；由 A 点向侧面作垂线垂足落在原点上，故其侧面投影 a'' 在原点上，如图 4-23b 所示。同理可以分析 B、C 点投影。

投影轴上的点，其两个投影与空间点重合，另一个投影在原点上。

请同学们自己分析 B、C 点的投影。

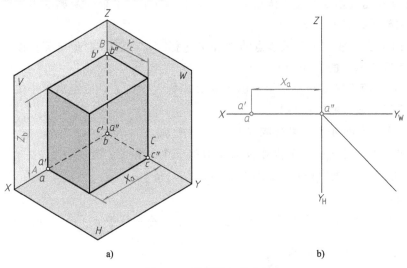

图 4-23　投影轴上的点
a）立体图　b）投影图

4.4　直线的投影

本节所研究的直线指有限长度的直线——直线段。

涵洞洞口上的直线

如图 4-24 所示公路涵洞洞口模型，其表面上有各种不同位置的直线。工程结构物表面的直线，根据其位置可归纳为三种情况：

AB、CD 与三个投影面都倾斜为一般位置直线。

AC、BD、EF、LH 平行于某一投影面，倾斜于其他两面，为投影面平行线。

CE、DF、KL、EH 垂直于某一投影面，与其他两面平行，为投影面垂直线。

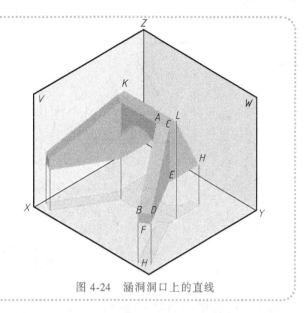

图 4-24　涵洞洞口上的直线

只要画出直线上两端点的投影，连接其同面投影，即为直线的投影。直线的投影一般仍为直线。特殊情况下，当直线垂直于投影面时，其投影积聚为一个点，如图 4-25 所示。

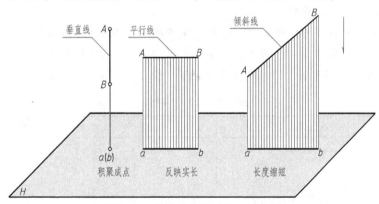

图 4-25　直线对投影面的三种位置

4.4.1　一般位置直线的投影

对三个投影面均不平行又不垂直的直线称为一般位置直线（简称一般线）。

如图 4-26a 中四棱柱的棱线 AB 为一般位置直线，直线和它在某一投影面上的投影所形成的锐角，称为直线对该投影面的倾角，对 H 面的倾角用 α 表示；对 V、W 面的倾角分别用 β、γ 表示。

一般位置直线的投影特性：

1）一般位置直线的三个投影均小于实长。

2）直线的三个投影都倾斜于各投影轴。

读图时，如果直线的两面投影为倾斜的直线，就可判断该直线为一般位置直线。通过判断两端点的空间位置可确定直线的走向。

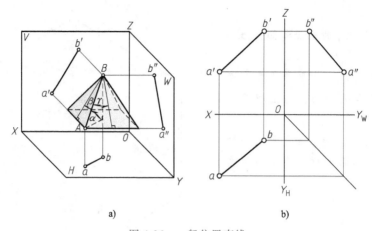

图 4-26 一般位置直线

a) 立体图 b) 投影图

4.4.2 投影面平行线的投影

在三面投影体系中，平行于一个投影面而倾斜于另外两个投影面的直线称为投影面平行线。

投影面平行线有三种情况：

平行于 V 面，倾斜于 H、W 面的直线称为正平线，见表 4-1 中的 AB。

平行于 H 面，倾斜于 V、W 面的直线称为水平线，见表 4-1 中的 CD。

平行于 W 面，倾斜于 H、V 面的直线称为侧平线，见表 4-1 中的 EF。

表 4-1 投影面平行线

	空间位置	投影图	投影特性
正平线			1. 水平投影平行于 OX 轴，侧面投影平行于 OZ 轴 2. 正面投影等于实长 3. 正面投影与 OX、OZ 轴倾斜
水平线			1. 正面投影平行于 OX 轴，侧面投影平行于 OY_W 轴 2. 水平投影等于实长 3. 水平投影与 OX、OY_H 轴倾斜

（续）

空 间 位 置	投 影 图	投 影 特 性
侧平线 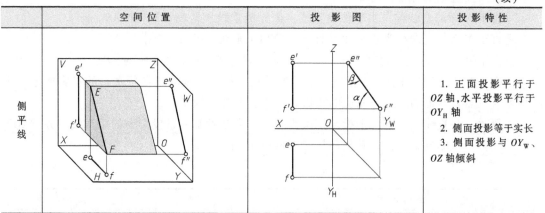		1. 正面投影平行于 OZ 轴，水平投影平行于 OY_H 轴 2. 侧面投影等于实长 3. 侧面投影与 OY_W、OZ 轴倾斜

由表 4-1 可概括出各投影面平行线的投影特性：投影面平行线在所平行的投影面上的投影反映实长，其他两投影平行于相应的投影轴，且均小于实长。

读图时，若直线的一个投影平行于投影轴而另一个投影倾斜时，这条直线为该倾斜投影所在的投影面的平行线，且该倾斜投影反映实长。

 引导作图

[例 4-5] 如图 4-27a 所示，已知水平线 AB 的两面投影 ab、$a'b'$，试求 AB 的侧面投影 $a''b''$，并在图上标出其反映实长的投影。

作图（图 4-27b）：

1）根据点的投影规律，由 a、a' 求得 a''，由 b、b' 求得 b''。

2）连接 a''、b'' 即为所求。

3）水平线的水平投影反映实长。

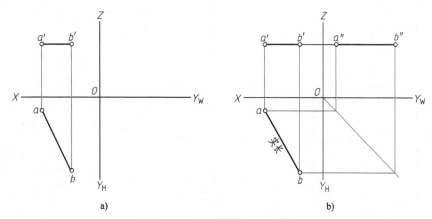

图 4-27 求水平线的三面投影

4.4.3 投影面垂直线的投影

在三面投影体系中，与某一个投影面垂直的直线统称为投影面垂直线，垂直于一个投影面，必平行于另外两个投影面。

投影面垂直线也有三种情况：

垂直于 H 面的直线称为水平面垂直线，简称铅垂线，见表 4-2 中的 AB。

垂直于 V 面的直线称为正平面垂直线，简称正垂线，见表 4-2 中的 AC。

垂直于 W 面的直线称为侧平面垂直线，简称侧垂线，见表 4-2 中的 AD。

由表 4-2 可概括出各投影面垂直线的投影特性：投影面垂直线在所垂直的投影面上的投影积聚成一点；其他两投影与相应的投影轴垂直，并都反映实长。

读图时，一直线只要有一个投影积聚为一点，它必然是一条投影面的垂直线，并垂直于积聚性投影所在的投影面，且其他两投影都反映实长。

表 4-2　投影面垂直线

	空　间　位　置	投　影　图	投　影　特　性
铅垂线			1. 水平投影积聚为一点 2. 正面投影垂直于 OX 轴；侧面投影垂直于 OY_W 轴 3. 正面投影、侧面投影等于实长
正垂线			1. 正面投影积聚为一点 2. 水平投影垂直于 OX 轴；侧面投影垂直于 OZ 轴 3. 水平投影、侧面投影等于实长
侧垂线			1. 侧面投影积聚为一点 2. 正面投影垂直于 OZ 轴；水平投影垂直于 OY_H 轴 3. 正面投影、水平投影等于实长

投影分析

图 4-28a 为一桥墩的立体示意图，图 4-28b 为其三面投影图。

请同学们参照桥墩立体图，在桥墩的三面投影图中找出棱线 AB、BC、BD 的三面投影，并指出它们各为何种位置的直线。

如 BD 的水平投影 bd 与投影轴倾斜，而正面投影 $b'd'$ 平行于 X 轴，侧面投影 $b''d''$ 平行于 OY_W 轴，BD 平行于水平面，为水平线。

请同学们在投影图上标出棱线 AB、BC 的三面投影。

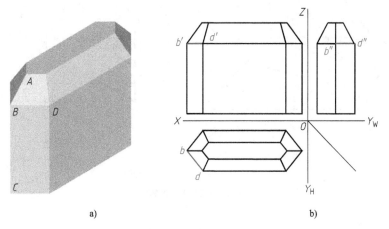

a)　　　　　　　　　　　　　　　　b)

图 4-28　分析直线的投影

*4.4.4　两直线的相对位置

涵洞洞口

空间两直线的相对位置有平行、相交、交叉三种情况。如图 4-29 所示，涵洞洞口上的直线 AB 与 CD 平行、CD 与 CE 相交、AB 与 CE 交叉。下面分别研究它们的特性。

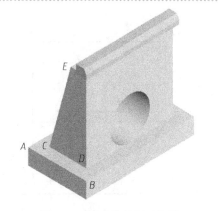

图 4-29　两直线的相对位置

1. 平行两直线

两直线互相平行时，该两直线的同面投影，也必然平行，如图 4-30a 所示。

若 $AB//CD$，则 $ab//cd$，$a'b'//c'd'$，$a''b''//c''d''$；$AB:CD=ab:cd=a'b':c'd'=a''b'':c''d''$，如图 4-30b 所示。

若空间两直线互相平行，则其同面投影互相平行且比值相等；反之，若两直线的同面投影互相平行且比值相等，则此空间两直线一定互相平行。

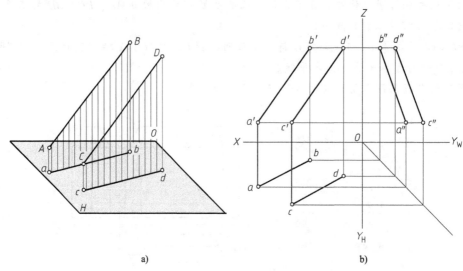

图 4-30 平行两直线的投影

a）立体图 b）投影图

2. 相交两直线

相交两直线，其同面投影必相交，且交点符合点的投影规律（即投影交点的连线垂直于相应的投影轴）。

如图 4-31 所示，AB 和 CD 为相交两直线，其交点为 K。K 的正面投影 k' 与水平投影 k 的连线 $k'k$ 垂直于 X 轴，$k'k''$ 也必然垂直于 Y 轴。

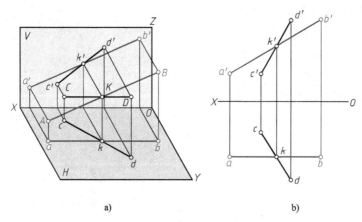

图 4-31 相交两直线的投影

a）立体图 b）投影图

3. 交叉两直线

空间两直线既不相交也不平行，叫交叉两直线（或异面直线）。

在投影图中，交叉两直线的同面投影可能相交，但交点的投影不符合点的投影规律，如图 4-32 所示。交叉两直线可能有一对或两对同面投影互相平行，但绝不可能三对同面投影都互相平行。

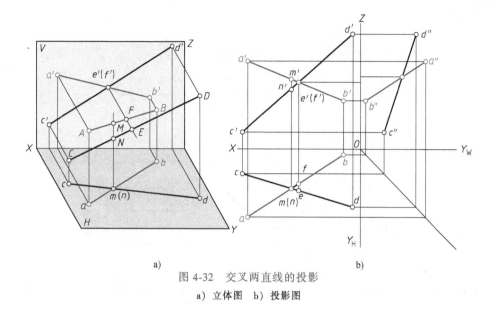

图 4-32　交叉两直线的投影

a）立体图　b）投影图

如图 4-32 所示，AB 和 CD 是两条交叉直线，其三面投影都相交，但其交点不符合点的投影规律，即 ab 和 cd 的交点不是一个点的投影，而是 AB 上的 M 点和 CD 上的 N 点在 H 面上的重影点，M 点在上，m 可见，N 点在下，n 为不可见。同样 a'b' 和 c'd' 的交点是 CD 上的 E 点和 AB 上的 F 点在 V 面上的重影点，E 点在前，e' 为可见，F 点在后，f' 为不可见。显然，a"b" 和 c"d" 的交点也为重影点。

4.5　平面的投影

本节所研究的平面，指平面的有限部分——平面图形。

八字墙上的平面

如图 4-33 所示为八字墙洞口模型，在其表面上有各种不同位置的平面。工程结构物表面的平面，根据其位置可归纳为三种情况：

A、B、C 平面平行于某一投影面，垂直于其他两面，为投影面平行面。

D、E、F 平面垂直于某一投影面，与其他两面倾斜，为投影面垂直面。

G 与三个投影面都倾斜，为一般位置的平面。

只要画出平面形上各顶点的投影，连接其同面投影，即为平面的投影。平面图形的投影一般仍为类似的平面图形，特殊情况下，当平面图形垂直于投影面时，其投影积聚为一条直线，如图 4-34 所示。

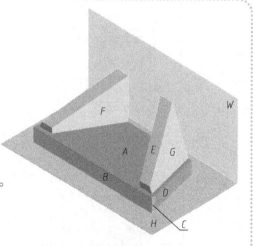

图 4-33　八字墙洞口上的平面

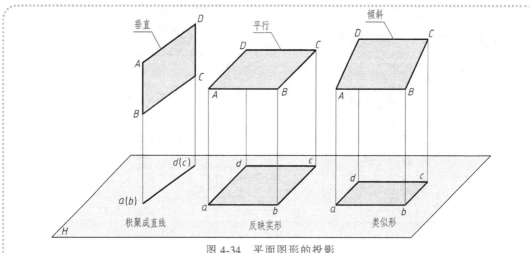

图 4-34　平面图形的投影

平面对 H、V、W 面的倾角（即该平面与投影面所成的二面角）分别以 α、β、γ 表示。

4.5.1　投影面平行面的投影

在三面投影体系中，平行于某一投影面，称为投影面平行面，简称平行面。平行于某一投影面必然垂直于其他两投影面。

投影面平行面有三种情况：

平行于 H 面的平面称为水平面平行面，简称水平面。

平行于 V 面的平面称为正平面平行面，简称正平面。

平行于 W 面的平面称为侧平面平行面，简称侧平面。

表 4-3　投影面平行面

空间位置		投影图	投影特性
水平面	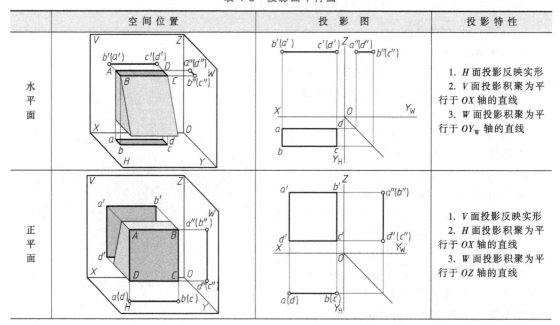		1. H 面投影反映实形 2. V 面投影积聚为平行于 OX 轴的直线 3. W 面投影积聚为平行于 OY_W 轴的直线
正平面			1. V 面投影反映实形 2. H 面投影积聚为平行于 OX 轴的直线 3. W 面投影积聚为平行于 OZ 轴的直线

（续）

空间位置	投影图	投影特性
侧平面	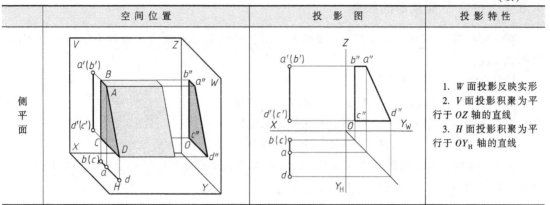	1. W 面投影反映实形 2. V 面投影积聚为平行于 OZ 轴的直线 3. H 面投影积聚为平行于 OY_H 轴的直线

由此可概括出投影面平行面的共性为：平面在所平行的投影面上的投影反映实形，其他两投影都积聚成与相应投影轴平行的直线。

读图时，一平面只要有一个投影积聚为一条平行于投影轴的直线，该平面就平行于非积聚投影所在的投影面。非积聚的投影反映该平面的实形。

 引导作图

[**例 4-6**]　已知等边三角形 ABC 为水平面，并知其 AB 边，求此等边三角形的三面投影，如图 4-35a 所示。

1. 分析

1）水平面的 H 面投影反映实形，所以 △ABC 的 H 面投影也为等边三角形。

2）V、W 面投影为平行于 OX 轴和 OY_W 轴的直线。

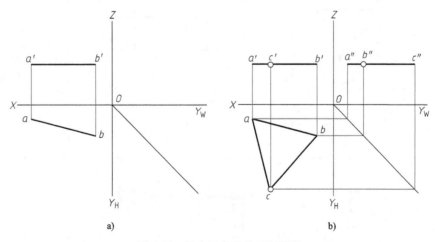

a)　　　　　　　　　　　　　　b)

图 4-35　补全三角形的三面投影

2. 作图

1）分别以 a、b 为圆心，以 ab 为半径画圆弧，交点即为 c 点，如图 4-35b 所示。

2）作 C 点的 V 面投影 c'，c' 在 a'b' 上。

3）根据"高平齐""宽相等"作 △ABC 的 W 面投影 a"b"c"。

4.5.2 投影面垂直面的投影

在三面投影体系中，垂直于一个投影面，倾斜于其他投影面的平面称为投影面垂直面，简称垂直面。

投影面垂直面有三种情况：

垂直于 V 面，倾斜于 H、W 面的平面称为正垂面。

垂直于 H 面，倾斜于 V、W 面的平面称为铅垂面。

垂直于 W 面，倾斜于 H、V 面的平面称为侧垂面。

由表 4-4 可概括出投影面垂直面的共性为：平面在所垂直的投影面上的投影积聚成一条直线；其他两投影是类似图形，并小于实形。

表 4-4　投影面垂直面

	空 间 位 置	投 影 图	投 影 特 性
正垂面			1. V 面投影积聚为与 OX、OZ 轴倾斜的直线 2. H、W 面投影为类似形
铅垂面			1. H 面投影积聚为与 OX、OY_H 轴倾斜的直线 2. V、W 面投影为类似形
侧垂面			1. W 面投影积聚为与 OY_W、OZ 轴倾斜的直线 2. H、V 面投影为类似形

读图时，一平面只要有一个投影积聚为一倾斜直线，它必然垂直于积聚性投影所在的投影面。

[例4-7] 已知平面的两面投影图（图4-36a），阅读并补全第三面投影。

分析：由该平面的 W 面投影为倾斜于坐标轴的一条直线，V 面投影为四边形，可知该平面为侧垂面，且为四边形。由侧垂面的投影特性可知该平面的 H 面投影与 V 面投影相类似也是四边形，根据三等关系即可作出各个顶点的 H 面投影，依次相连即为水平投影。

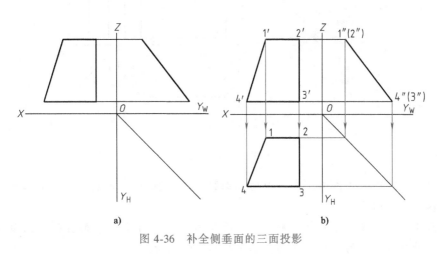

图4-36 补全侧垂面的三面投影

4.5.3 一般位置平面的投影

与三个投影面都倾斜的平面称为一般位置平面，简称一般面，如图4-37所示的三棱锥上的表面 $\triangle SAB$ 即为一般面。

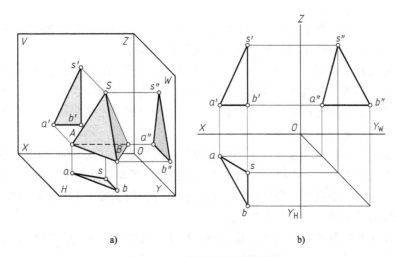

图4-37 一般位置平面的投影

根据平面的投影特点可知，一般面的各个投影都没有积聚性，用几何图形表示的平面，各投影均为小于实形的类似形。

 投影分析

图 4-38a 为一桥墩的立体示意图，图 4-38b 为其三面投影图。

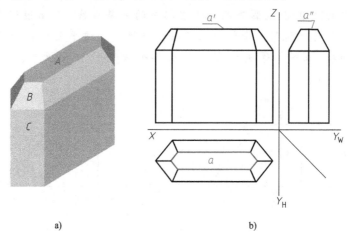

a)   b)

图 4-38 分析平面的投影

请同学们参照桥墩立体图，在桥墩的三面投影图中找出平面 A、B、C 的三面投影，并指出它们各为何种位置的平面。

如平面 A 的水平投影 a 是六边形，而正面投影 a' 为平行于 X 轴的直线，侧面投影 a″ 为平行于 Y 轴的直线，平面 A 为水平面，水平投影反映实形。

请同学们在投影图上标出平面 B、C 的三面投影。

本 章 小 结

投影的概念与分类　投影法分为中心投影法和平行投影法。平行投影法又分为正投影法和斜投影法。正投影法的投影特性有类似性、实形性和积聚性。

物体的三面投影　设置三个相互垂直的平面作为三个投影面即水平投影面、正立投影面、侧立投影面，形成三面投影体系。将形体置于三投影面体系中，用三组分别垂直于三个投影面的投射线对形体进行投影，就得到该形体在三个投影面上的投影。三面投影之间存在着长对正、高平齐、宽相等的关系。

点的三面投影规律　点的正面投影与水平投影的连线垂直于 OX 轴。点的正面投影与侧面投影的连线垂直于 OZ 轴。点的水平投影到 OX 轴的距离等于侧面投影到 OZ 轴的距离。

投影面平行线的投影特性　投影面平行线在所平行的投影面上的投影反映实长；其他两投影平行于相应的投影轴，且均小于实长。

投影面垂直线的投影特性　投影面垂直线在所垂直的投影面上的投影积聚成一点；其他两投影与相应的投影轴垂直，并都反映实长。

投影面平行面的投影特性　平面在所平行的投影面上的投影反映实形，其他两投影都积聚成与相应投影轴平行的直线。

投影面垂直面的投影特性　平面在所垂直的投影面上的投影积聚成一条直线；其他两投

影是类似图形，并小于实形。

复习思考题

1. 按投射线的不同情况，投影可分为哪两大类？
2. 正投影有哪些特性？
3. 投影图的三等关系是什么？
4. 在投影图中如何度量长、宽、高？如何确定形体的前后位置？
5. 三面投影位置如何配置？
6. 点的投影规律是什么？点的投影与坐标有什么关系？
7. 如何判断空间两点的相对位置？
8. 投影面平行线、投影面垂直线各有哪些投影特性？
9. 投影面平行面、投影面垂直面各有哪些投影特性？

第5章

形体的投影

主要内容	能力要求	相关知识
平面立体的投影	1. 理解平面立体的投影特征 2. 能识读、绘制平面立体的投影图	棱柱的投影
		棱锥的投影（棱锥、棱台的投影）
曲面立体的投影	1. 理解常见曲面立体的投影特征 2. 能识读、绘制曲面立体的投影图 *3. 能识读、绘制曲面立体表面上点、直线的投影	圆柱的投影
		圆锥的投影
		球的投影
组合体的投影	1. 了解组合体组合形式 2. 能识读常见组合体的投影图 3. 能绘制常见组合体的投影图	组合体的组合形式
		组合体投影图的绘制
		组合体读图方法
*截切体的投影	1. 了解截切体的投影特征 2. 绘制简单截切体的投影	*平面体被平面所截
		*曲面体被平面所截

道路工程中的形体

　　道路工程中的形体都可以看做是由一些基本的几何体组合而成的组合体。如图 5-1 所示的桥墩，可以看做由若干基本几何体组合而成，如桥墩盖梁是棱柱体，桥墩立柱是圆柱体，承台和防振挡块是长方体（四棱柱），桩基础由十五根混凝土打入桩组成，桩上部是四棱柱、下部是四棱锥。由此可见，分析道路工程构造物的投影应该先分析基本体的投影特性，其次分析由基本体组合而成的组合体的投影情况，最后再研究整个构造物的投影情况。

　　基本体根据其表面性质的不同可分为平面立体和曲面立体。表面都由平面围成的立体称为平面立体，常见的平面立体有棱柱体、棱锥体（棱台）。由曲面或曲面与平面所围成的形体称为曲面立体，常见的曲面立体有圆柱体、圆锥体（圆锥台）及球体，图 5-2 所示为常见的基本体。

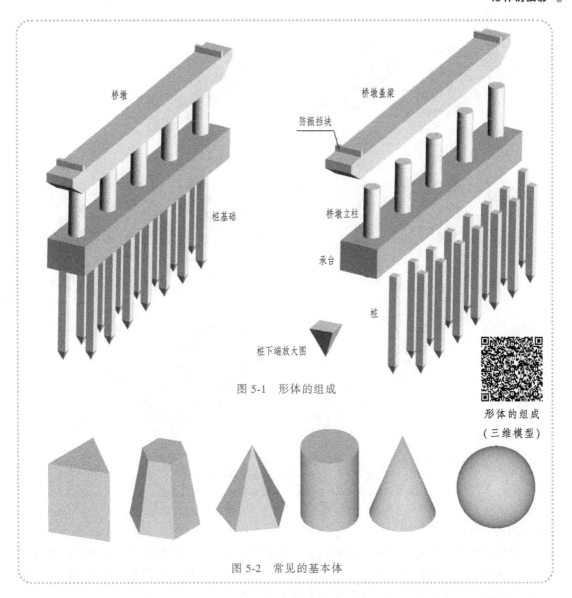

图 5-1　形体的组成

形体的组成
（三维模型）

图 5-2　常见的基本体

5.1　平面立体的投影

5.1.1　棱柱的投影

　　棱柱的上、下底面是互相平行且全等的多边形，侧棱线相互平行而且垂直于上下底面，各棱面均为矩形。若底面为三角形的棱柱称为三棱柱，底面为五边形的棱柱称为五棱柱，以此类推。图 5-3 为道路工程中常见的棱柱体。

　　1. 棱柱体的三面投影

　　下面以图 5-4 所示的六棱柱为例，说明棱柱的投影特性。

　　该六棱柱的顶面和底面均为正六边形，平行于 H 面；前后两侧面平行于 V 面，其他四

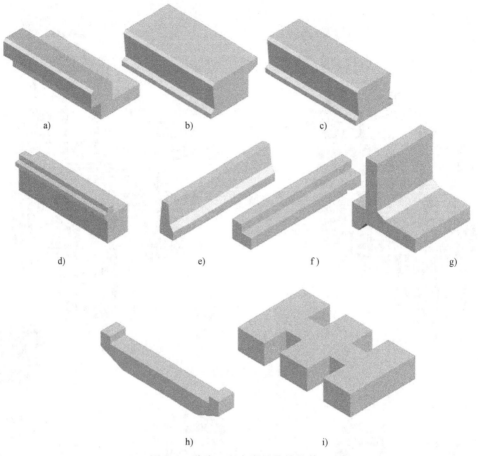

图 5-3　道路工程中常见的棱柱体

a）涵洞边板　b）桥梁边板　c）桥梁中板　d）桥台盖梁
e）防撞墙　f）涵台台帽　g）挡土墙　h）桥墩盖梁　i）承台

个表面都是铅垂面。

六棱柱的水平投影是一个正六边形，它是顶面和底面反映实形的投影，顶面和底面的投影重合，顶面可见，底面不可见。正六边形的各个边是正六棱柱六个侧面的积聚投影，其中前、后两侧面是正平面，所以其水平投影平行于 OX 轴。

六棱柱的正面投影由三个矩形线框组成。中间的线框是前、后两侧面的投影，反映实形；旁边两线框是其余四个侧面的投影，是类似形；顶面和底面在 V 面上的投影积聚为上、下两条平行于 OX 轴的直线段。

六棱柱的侧面投影是两个矩形线框，是左边两个侧面和右边两个侧面的重合投影，是类似形；前、后两侧面及顶面、底面的侧面投影均积聚为直线。

棱柱的投影特征：棱柱的一个投影积聚成一个多边形，是棱柱顶面与底面的投影，反映棱柱的形状特征，反映棱柱顶面和底面的实形；而另外两投影都是由实线或虚线组成的矩形线框，如图 5-5 所示的棱柱的投影。

画棱柱体的投影图时，先画顶面、底面反映实形的多边形的投影（顶面、底面的投影重合，反映棱柱的形状特征），再画顶面、底面的其他两面投影，最后将顶面、底面对应点的同面投影用直线连接起来，就完成了作图。

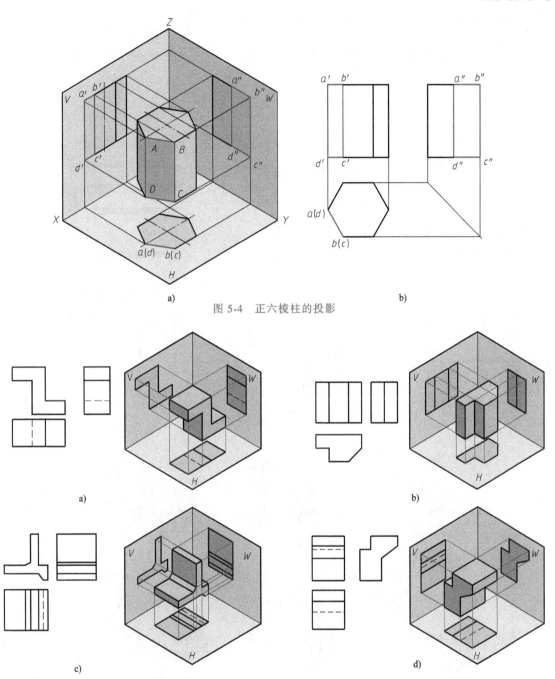

图 5-4 正六棱柱的投影

图 5-5 棱柱的投影

读图时，若一个投影为多边形，而另外两投影是由实线或虚线组成的矩形线框，则该形体是垂直于多边形所在投影面且上下底面为与多边形投影全等的棱柱。

 投影分析

图 5-6 为道路工程中常见的棱柱体的投影，图 5-7 是对应的立体图，请同学们自己阅读分析。

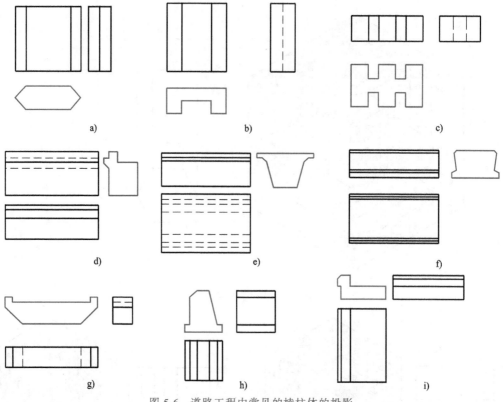

图 5-6　道路工程中常见的棱柱体的投影

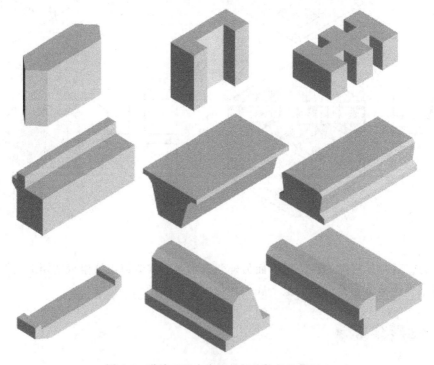

图 5-7　道路工程中常见的棱柱体的立体图

＊2. 棱柱面上取点和直线

由于棱柱体的几面投影都具有积聚性，棱柱面上取点和直线可利用棱柱面投影的积聚性来作图。特殊地，如果点在棱线上，只要抓住点线投影的从属性就可以了。

[例 5-1] 如图 5-8a 所示，已知六棱柱棱面上 A、B、C 点的 V 面投影，补全三点的其他两面投影，并作直线 BC 的投影。

1. 分析

由 V 面投影可知 A、B、C 点在棱柱的侧面上。

2. 作图步骤

1）由 V 面投影 a'、c' 向下作投影连线得到 a、c。

2）由 V 面投影 a'、c' 向右作投影连线，再由 H 面投影 a、c 作投影连线定出 a''、c''，a'' 可见，c'' 不可见，如图 5-8b 所示。

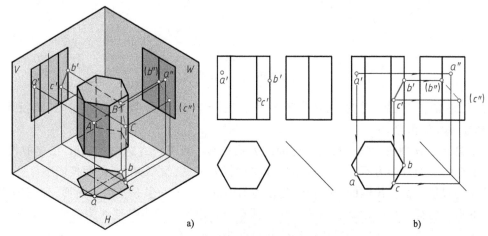

a)   b)

图 5-8　六棱柱棱面上的点和直线

a）立体图和已知条件　b）作图结果

3）由 b 点的 V 面投影 b' 向右作投影连线，在已知棱线的 W 面投影上求得 b''，b'' 不可见，由 b' 向下作投影连线得 b。

4）如果在棱柱面上作直线的投影，只需要将两点的投影分别求得，相连即可。如图 5-8b 所示 BC 直线的三面投影，$b'c'$ 可见，$b''c''$ 不可见，所以画成虚线。

5.1.2　棱锥的投影

棱锥的底面为多边形，各棱面都是具有公共顶点的三角形。若底面为三角形的棱锥称为三棱锥，底面为四边形的棱锥称为四棱锥，以此类推。

1. 棱锥的三面投影

图 5-9a 所示为一个正三棱锥的三面投影直观图，该三棱锥的底面平行于 H 面，AC 为侧垂线。

由于底面 $\triangle ABC$ 为水平面，所以它的 H 面投影反映实形，为不可见面。底面 $\triangle ABC$ 的 V 面投影为平行于 OX 轴的直线段，而 W 面投影的平行于 OY 轴的直线段。

由于 AC 为侧垂线，所以后侧面 $\triangle SAC$ 为侧垂面。$\triangle SAC$ 的侧面投影 $\triangle s''a''c''$ 积聚成直线，它的 V 面、H 面投影均为类似形。

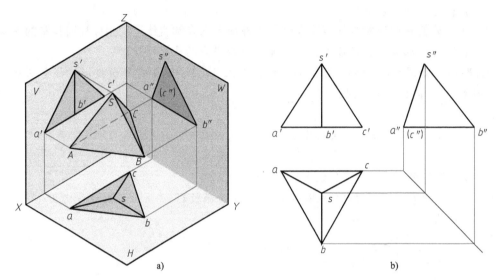

图 5-9　棱锥的投影

a）立体图　b）投影图

棱面 △SAB、△SBC 均为一般位置平面，三个投影都是类似形，在 W 面投影中，△$s''a''b''$与△$s''b''c''$重合。

三个侧面的 H 面投影均为可见，底面的 H 面投影不可见；△SAB、△SBC 的 V 面投影可见，△SAC 的 V 面投影为不可见；△SAB 的 W 面投影可见，△SBC 的 W 面投影不可见。

棱锥的投影特征：棱锥的一个投影为多边形中嵌套具有公共顶点的三角形，该多边形反映棱锥的形状特征，反映棱锥底面的实形（顶点与多边形各角点的连线为侧棱的投影）；而另外两投影都是由实线或虚线组成的有公共顶点的三角形线框。

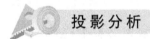　投 影 分 析

图 5-10 为常见棱锥体的投影，请同学们自己分析。

画棱锥三面投影图时，一般应先画出底面的各个投影，然后确定锥顶 S 的三面投影，将它与底面各点连接起来，就可画出棱锥的投影图。

读图时，若一个投影为多边形中嵌套具有公共顶点的三角形，而另外两投影是由实线或虚线组成有公共顶点的三角形线框，则该形体是棱锥，且棱锥底面平行于多边形投影所在投影面，棱锥的底面与多边形投影全等。

2. 棱台的三面投影

棱锥的顶部被平行于底面的平面切割后形成棱台，棱台的两个底面为平行的且相似的多边形，各侧面均为梯形。

图 5-11 为四棱台的投影图情况。

棱台的投影特征：棱台的一个投影为里、外两个相似多边形（分别反映顶面、底面的实形），两多边形之间嵌套有相应数目的梯形（各梯形为各侧面的投影，两多边形对应顶点之间的连线为侧棱的投影）；而另外两投影都是由实线或虚线组成的梯形线框。

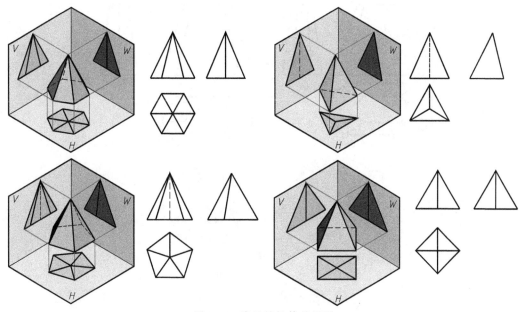

图 5-10　常见棱锥体的投影

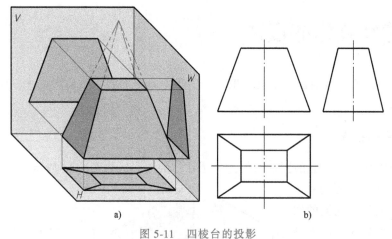

a)　　　　　　　　　　　　　b)

图 5-11　四棱台的投影

a）立体图　b）投影图

投影分析

图 5-12 为棱台的投影，请同学们自己分析。

画棱台三面投影图时，先画顶面、底面反映实形的多边形的投影，再画顶面、底面的其他两面投影，最后将顶面、底面对应点的同面投影用直线连接起来，就完成了作图。

读图时，若一个投影为里、外两个相似多边形线框，两多边形线框之间嵌套有相应数目的梯形，而另外两投影都是由实线或虚线组成的梯形线框，则该形体是棱台，且该棱台顶面、底面平行于"里、外两个相似多边形线框"所在的投影面。

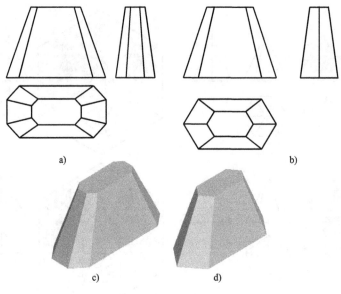

a)   b)

c)   d)

图 5-12　棱台的投影

5.2　曲面立体的投影

曲面立体是由曲面或曲面与平面所围成，工程上常用的曲面体是回转体，如圆柱体、圆锥体、球体等。

5.2.1　圆柱的投影

下面以轴线垂直于 H 面的圆柱为例讨论圆柱体的投影，如图 5-13 所示。

该圆柱的 H 面投影为一个圆，反映圆柱顶面和底面的实形，而圆周又是圆柱面的积聚投影，圆柱面上任何点和线的水平投影都积聚在这个圆上。圆柱的 V 面投影是一个矩形线框，该矩形线框代表了前半个圆柱面和后半个圆柱面的重合投影，前半部分可见，后半部分不可见。矩形的上、下边是圆柱上、下底面的积聚投影。

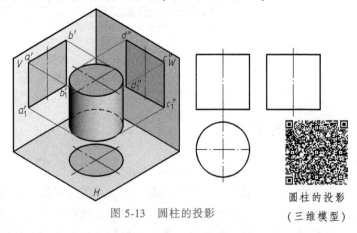

图 5-13　圆柱的投影

圆柱的投影
（三维模型）

矩形的左、右两条边 $a'a_1'$、$b'b_1'$ 是圆柱最左、最右素线的投影。圆柱的 W 面投影也是一个矩形线框，该矩形线框代表了左半个圆柱面和右半个圆柱面的重合投影，左半部分可见，右半部分不可见。矩形的上、下边是圆柱上、下底面的积聚投影。矩形的左、右两条边 $d''d_1''$、

$c''c_1''$ 是圆柱最后、最前素线的投影。

圆柱的投影特征：圆柱一个投影是圆，其他两投影是相等的矩形线框。

 投影分析

图 5-14 为不同位置圆柱的投影情况，请同学自己分析。

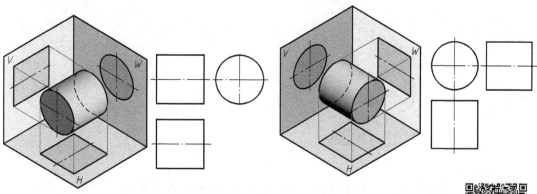

图 5-14　不同位置圆柱的投影

不同位置
圆柱的投影
（三维模型）

画圆柱的三面投影时，一般先画圆，再根据圆柱的高和投影规律画出其他两个投影。

5.2.2　圆锥的投影

1. 圆锥的三面投影

下面以轴线垂直于水平投影面的圆锥体为例讨论圆锥体的投影，如图 5-15 所示。

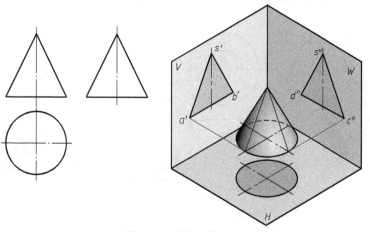

圆锥的投影
（三维模型）

图 5-15　圆锥的投影

该圆锥的 H 面投影是一个圆，是圆锥面和底面的重合投影，该圆反映底面的实形。圆锥的 V 面投影是等腰三角形，底边是锥底的积聚投影，两腰 $s'a'$、$s'b'$ 是圆锥最左素线和最右素线的投影。圆锥的 W 面投影也是等腰三角形，底边是锥底的积聚投影，两腰 $s''c''$、$s''d''$ 是圆锥最前素线和最后素线的投影。

圆锥的投影特征：圆锥的一个投影是圆，其他两投影是相等的等腰三角形线框。

投 影 分 析

图 5-16 为不同位置圆锥的投影情况，请同学们自己分析。

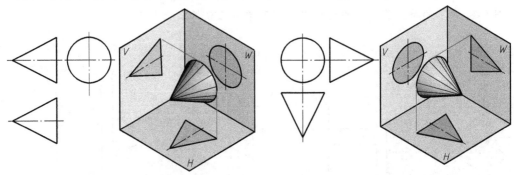

图 5-16　不同位置圆锥的投影

画圆锥的三面投影时，一般先画圆，再根据圆锥的高和投影规律画出其他两个投影。

* 2. 圆台

圆锥体被平行于底面的平面截去其锥顶，所剩的部分叫圆锥台，简称圆台。

圆台的投影特征：一个投影为两同心圆（分别反映顶面、底面的实形，两圆之间的部分表示圆台面的投影）；其他两投影是相等的梯形线框。

投 影 分 析

图 5-17 为各种位置圆台的投影情况，请同学们自己分析。

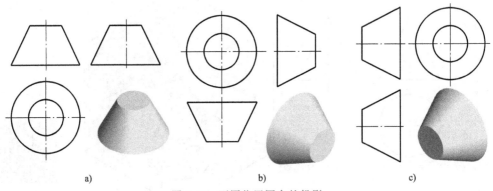

a)　　　　　　　　　　　b)　　　　　　　　　　　c)

图 5-17　不同位置圆台的投影

5.2.3　球的投影

如图 5-18 所示，球的各投影的轮廓线均为同样大小的圆，其直径等于球的直径。但三个投影面上的圆是三个不同方向的轮廓线。

水平投影上的圆 b 是平行于 H 面的最大圆的投影，该圆把球体分为上半球与下半球，H

面投影上半球面可见，下半球面不可见；正面投影上的圆 a' 是平行于 V 面的最大圆的投影，该圆把球体分为前半球与后半球，V 面投影前半球面可见，后半球面不可见；侧面投影 c'' 是平行于 W 面的最大圆的投影，此圆把球体分为左半球与右半球，W 面投影左半球面可见，右半球面不可见。这三个圆的其他投影均积聚成直线，重合在相应的中心线上。

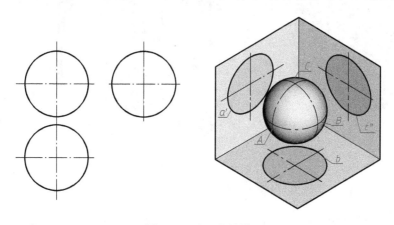

图 5-18　球面的投影

5.3　组合体的投影

由若干个基本几何体组合而成的形体称为组合体，如图 5-19 所示的桥墩就是由一些基本体组成的组合体。

5.3.1　组合体的组合形式

1. 组合体的形体分析

任何复杂的物体，都可以看成是由若干基本体组合而成，为了便于画图和读图，通过分析将组合体分解成若干个基本体，并分析它们的形状结构、相对位置以及组合形式的方法，称为形体分析法。

如图 5-19 所示的桥墩由桥墩墩帽、桥墩立柱、桥墩基础三部分组成，墩帽为棱柱体，基础为长方体（四棱柱），立柱为台体，可以看成是四棱柱与两个半圆台组成。分析清楚各组成部分的形状和它们之间的相对位置后，可按相对位置逐个画出各组成部分的投影，综合起来得到组合体的投影。这样便使复杂的问题简单化了。

2. 常见组合体的组合形式

（1）叠加形式　如图 5-20a、b 所示的组合体都是由几个基本体叠加而成的。如图 5-20a 所示的挡土墙由四棱柱Ⅰ、五棱柱Ⅱ及长方体Ⅲ叠加而成；如图 5-20b 所示的桥墩由六棱台Ⅰ、六棱柱Ⅱ及八棱柱Ⅲ叠加而成。

（2）切割形式　如图 5-21a、b 所示组合体，都可看成一个基本体（长方体）被几个平面或曲面切割而成。图 5-21a 所示的组合体是长方体被切去三棱柱Ⅰ和四棱柱Ⅱ形成的；图 5-21b 所示的组合体是长方体被切去四棱柱Ⅰ、四棱柱Ⅱ及圆柱Ⅲ而形成的。

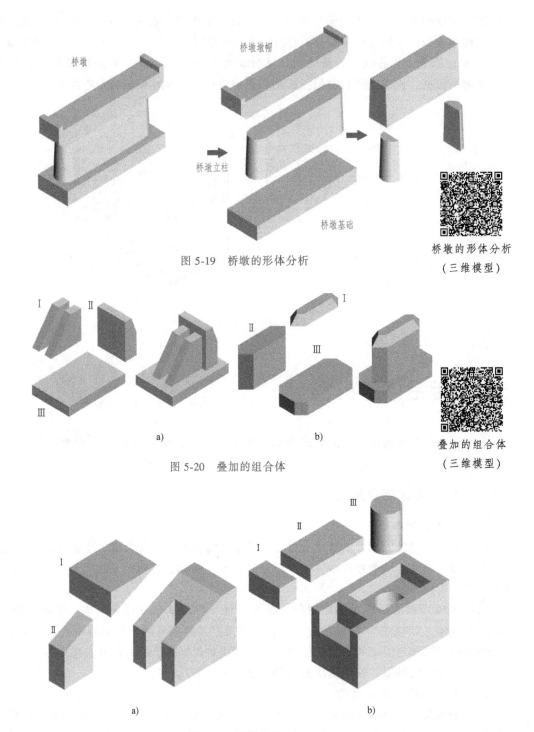

桥墩

桥墩墩帽

桥墩立柱

桥墩基础

图 5-19　桥墩的形体分析

桥墩的形体分析
（三维模型）

Ⅰ　Ⅱ

Ⅲ

Ⅱ

Ⅲ

Ⅰ

a)　　　　　　　　　　b)

图 5-20　叠加的组合体

叠加的组合体
（三维模型）

Ⅲ

Ⅱ

Ⅰ

Ⅰ

Ⅱ

a)　　　　　　　　　　b)

图 5-21　切割的组合体

3. 组合体两表面的连接形式

　　由于叠加或切割，在相邻两形体表面产生的连接形式可分为平齐、相错、相切和相交等几种形式，见表 5-1。

表 5-1 组合体两表面的连接形式

立体图	正确投影图	错误投影图
平齐 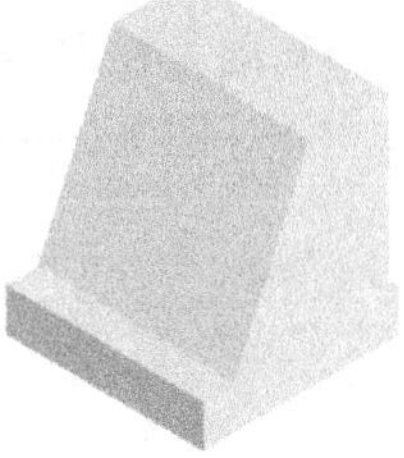 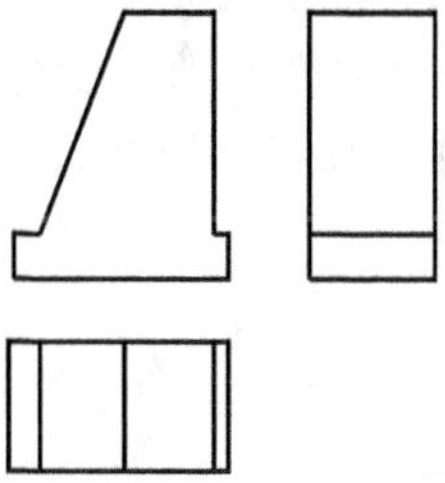 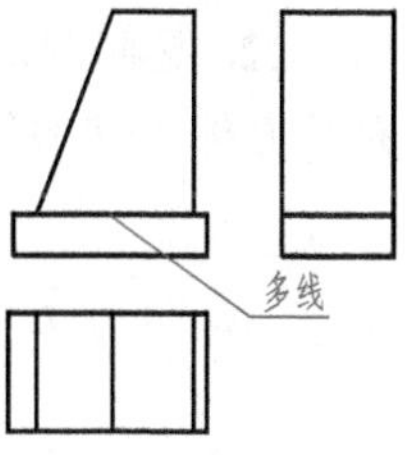		多线
相错		 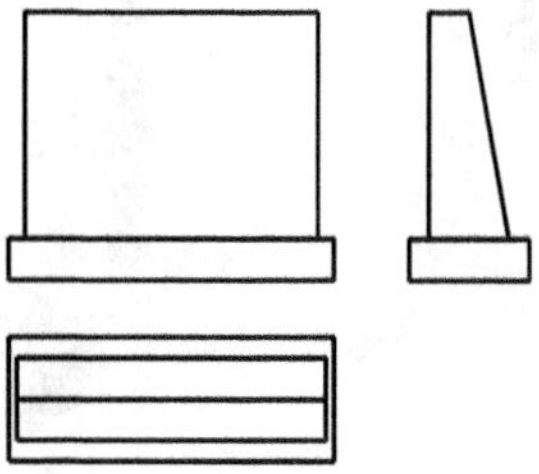 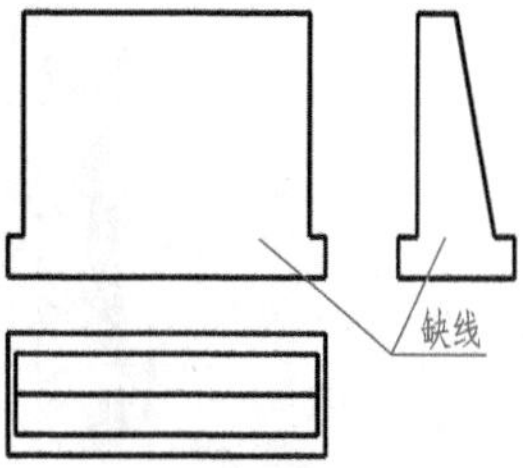 缺线
相切		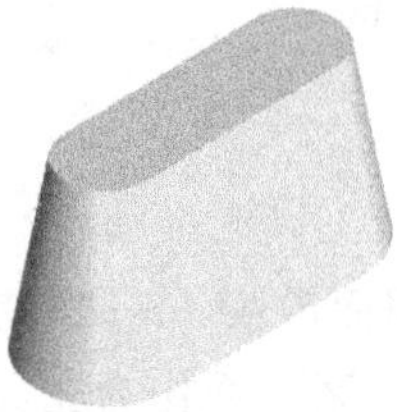 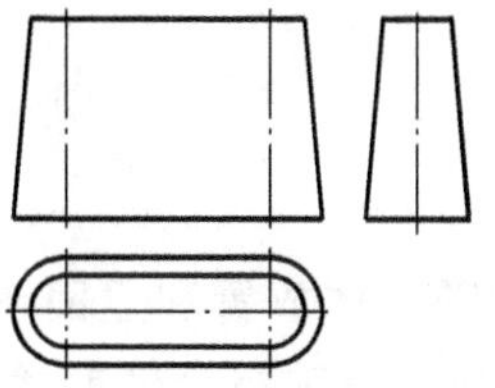 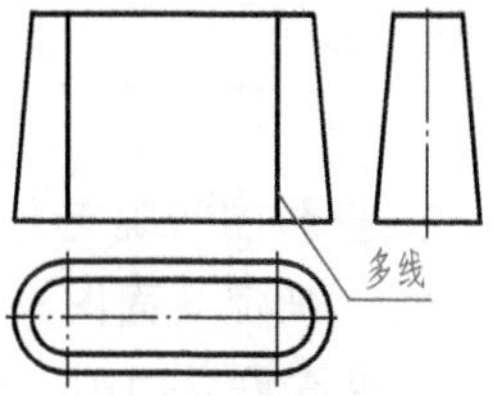 多线
相交	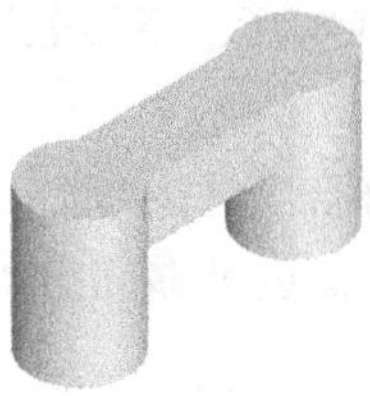 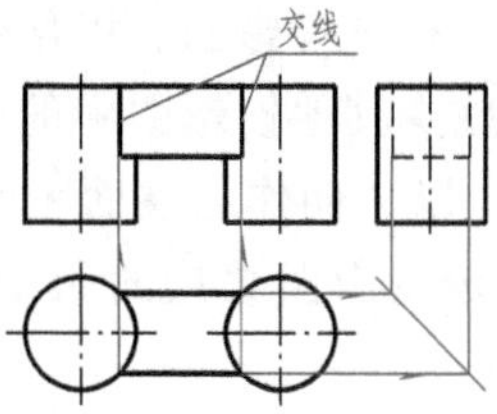 交线	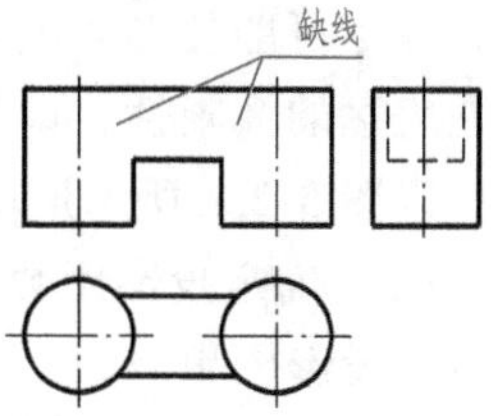 缺线

（1）平齐 相邻两基本体表面互相平齐，两表面构成一个完整的平面。投影图上中间接触处没有线隔开。

（2）相错 相邻两基本体表面互相错开或不平齐。投影图上中间接触处应画线隔开。

（3）相切 两基本体表面彼此相切（曲面与曲面、曲面与平面相切），两表面结合处光滑过渡。投影图上相切处不应画线。

（4）相交 两基本体表面彼此相交时，在两表面相交处一定会产生表面交线。投影图上相交处应画出交线。

5.3.2 组合体投影图的绘制

表达组合体一般是画三面投影图，从投影的角度讲三面投影图已能唯一地确定形体。当形体比较简单时，有时画三面投影图中的两个就够了，个别情况与尺寸相配合仅画一个投影图也能表达形体。当形体比较复杂或形状特殊时，画三面投影也难以把形体表达清楚，可选用其他的投影图来表达形体，本节主要讲述三面投影图，它是表达组合体的基础。

1. 形体分析

画组合体的投影图首先要进行形体分析，分析它是由哪些基本体组合而成的，同时要分析这些基本体彼此间的相对位置，然后再根据形体的复杂程度用恰当的投影图表达。

图 5-22a 是涵洞端墙，可以分解为基础、墙身和缘石三部分，基础为长方体（四棱柱），墙身是长方体上切去了一个圆柱，缘石为带缺口的四棱柱（五棱柱）（图 5-22b）。

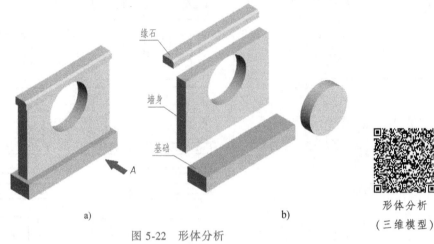

形体分析
（三维模型）

a)   b)

图 5-22 形体分析

2. 投影图的确定

（1）确定立面图 投影图随形体放置和立面图方向的不同而改变，一般应按工程中的自然位置放置立面图，应把能较多反映组合体形状和位置特征的某一面作为立面图的投影方向，并尽可能使形体上主要面平行于投影面，以便使投影能得到实形，还要兼顾其他两个投影图表达的清晰性，即尽可能减少其他投影图中的虚线。

以图 5-22a 所示形体为例，以 A 向作为立面图的方向，就符合上述要求。

（2）确定投影图数量 确定投影图数量的原则是在把形体表达足够充分的前提下，尽量减少投影图数量。

3. 选比例、定图幅

投影图确定后，还要根据组合体的总体大小和复杂程度，按国家标准的规定选择适当的比例和图幅。

4. 布置投影图

布图时，根据选定的比例和组合体的总体尺寸，可粗略算出各投影图范围大小，并布置匀称图面。考虑标注尺寸和注写文字的位置后，再作适当调整，便可定出各投影图的对称线、主要端面轮廓线的位置，作为作图基准线，布图要求平衡、匀称、协调。

5. 画底图

为了迅速而正确地画出组合体的三面投影图，画底稿时，应注意以下几点：

1）画图的先后顺序，一般应从正面投影入手。先画主要部分，后画次要部分；先画看得见的部分，后画看不见的部分；先画圆和圆弧，后画直线。

2）画图时，组合体的每一个部分，最好是三个投影图配合着画。每部分也应从反映形状特征的投影先画。而不是先画完一个投影图后再画另一个投影图。这样，可以提高绘图速度，避免漏画和多画图线。

6. 检查、描深

检查底稿，改正错误，然后描深。

 引导作图

以图 5-22 所示的端墙为例，其作图步骤可按图 5-23b～f 的顺序进行，这是一个同步作图的示例。

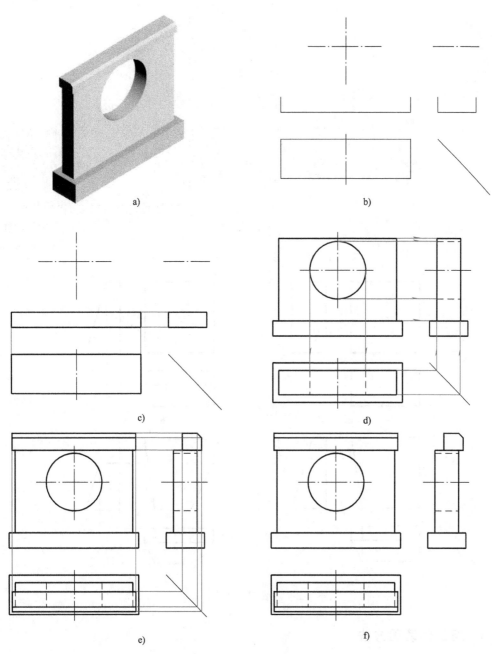

图 5-23　组合体的作图过程

在画墙身部分时，墙身的正面投影反映形状特征，所以先画其正面投影；缘石的形状特征及缘石相对于墙身的位置特征都集中在侧面投影上，所以画缘石的投影时，先画侧面投影，再画其他投影。注意在水平投影中缘石遮挡了墙身的部分线条，这时要将它改为虚线。

再以图 5-24a 所示桥台翼墙为例，可以将其看作是切割形成的组合体，形体虽简单，但画图却不容易，初学者仍需进行形体分析。形体分析过程如图 5-24b ~ e 所示。作图过程可按图 5-25a ~ d 的顺序进行。

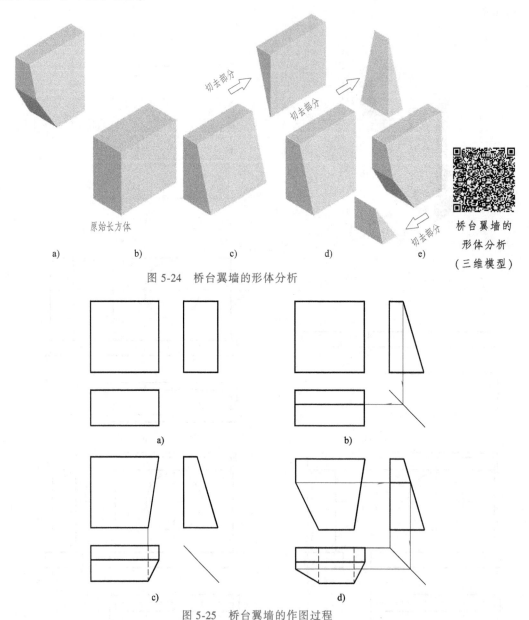

图 5-24　桥台翼墙的形体分析

图 5-25　桥台翼墙的作图过程

5.3.3　组合体读图方法

读图就是要根据给出的投影图想象出形体的空间形象。读图通常要作形体分析，一部分一部分地读，有时要辅以线面分析，逐面逐线地读，把细节揣摩透，综合起来领会全貌。

1. 读图的基本知识

（1）几个投影图联系起来看　组合体的每个投影图只反映形体某一个侧面的特征，而不反映形体的全貌。读图时一定要把几个投影图联系起来，综合各个侧面的特征想象形体的空间形状。

图 5-26 中 a~f 所示六个形体的正面投影相同，a、b、c 侧面投影是相同的，d、e、f 侧面投影也是相同的，但它们却表示不同的形体。所以，一定要通过投影对照，把几个投影联系起来，才能正确地想象出形体的空间形状。

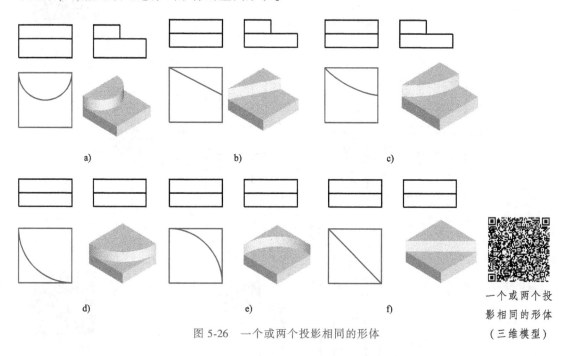

图 5-26　一个或两个投影相同的形体

一个或两个投影相同的形体（三维模型）

（2）了解投影图中线和线框的含义　投影图是由若干图线组成的，图线构成不同形状的线框，分析线和线框的意义是读图的基础，是对组合体的投影作形体分析、线面分析的必备条件。

1）线的意义。线多数情况下是形体上某一侧面的积聚投影，也可能是形体上两个侧面交线的投影，再一种可能是曲面体轮廓线的投影。

以图 5-27 所示形体为例，图 5-27a 中的直线 a' 是圆台的轮廓素线。图 5-27b 中的直线 b'、c' 是棱台顶面 B 和棱台侧面 C 的积聚投影，图 5-27c 中的直线 d 和 d' 是棱锥相邻两个侧面交线 D 的 V 面投影及 H 面投影。

通过投影对齐，分析有无积聚性，有无曲线与之对应，线的意义是不难确定的。

2）线框的意义。

① 线框。线框通常是代表形体表面上某一个侧面的实形或类似形，有时是表示曲面。

以图 5-28 所示形体为例，图 5-28a 中正面投影的线框 a' 表示的是正平面 A 的反映实形投影。图 5-28b 中正面投影的线框 b' 是铅垂面 B 的类似形的投影。图 5-28c 中正面投影的线框 c' 是圆柱面 C 的投影。

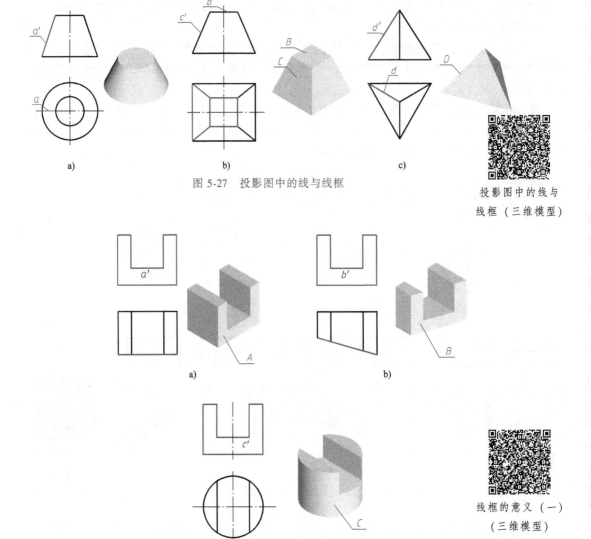

图 5-27　投影图中的线与线框

投影图中的线与
线框（三维模型）

a)　b)

线框的意义（一）
（三维模型）

c)

图 5-28　线框的意义（一）

② 相邻线框。投影图中相邻的封闭线框一般表示不同位置的表面，而线框中间的公共边可能表示把两个形体隔开的第三个表面的积聚投影或表示形体两表面交线的投影。如图5-29a所示侧面投影中线框 a'' 与 b'' 表示两个左右位置不同的表面，线框 a'' 与 b'' 的公共边 c'' 表示水平面 C 的积聚投影（图5-29b）；水平投影中线框 d 与 e 的公共边 f 表示侧垂面 E 与水平面 D 面的交线 F 的投影。

③ 线框包围中的线框。投影图中线框包围中的线框可能表示凸面或凹面，也可能表示通孔。如图5-30a、b表示桥梁栏杆柱的投影，图5-30a中线框 a' 与 b' 表示两个平行面，B 面为凸面；图5-30b中线框 c' 与 d' 表示的两个面也是平行面，D 面为凹面；图5-30c表示桥梁栏腹板部分的投影，图中线框 e' 包围中的线框 f' 表示通孔。

（3）在投影图中找对应投影关系　读图时在三面投影中分析出点、线、面的对应的投影是很重要的。下面介绍一些通过找投影关系来识别线、面的方法。

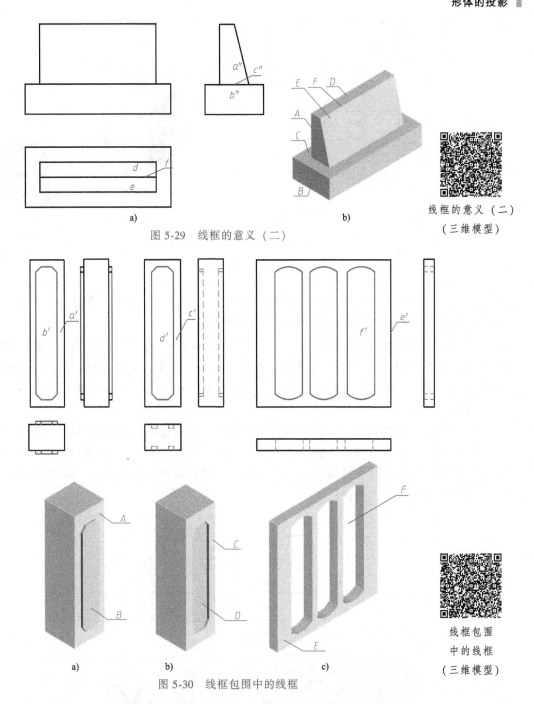

图 5-29　线框的意义（二）

线框的意义（二）
（三维模型）

图 5-30　线框包围中的线框

线框包围
中的线框
（三维模型）

1）相邻投影图中对应的一对线框如果是同一平面的投影，它们必定是类似形，而且是几边形对应几边形，平行边对应平行边，线框各顶点投影符合点的投影规律，且各顶点连接顺序相同，如图 5-31 所示 p' 和 p。

2）相邻投影图中对应投影无类似形，必定积聚成线。

如果某一投影图中的一个线框在相邻投影图中找不到对应的类似形线框时，则在相邻投影图中必定能找到其积聚为线的投影。如图 5-31 所示，正面投影中的线框 p' 在侧面投影图

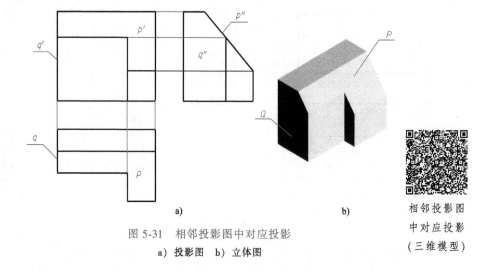

图 5-31　相邻投影图中对应投影

a）投影图　b）立体图

相邻投影图
中对应投影
（三维模型）

中无类似形，按高平齐的关系只能对应侧面投影图中的斜线 p''。同理，侧面投影图中的线框 q'' 只能对应水平投影中的竖线 q 及正面投影中的竖线 q'。

当平面的两个投影为封闭线框，另外一个投影为斜直线时，该平面垂直于投影为斜直线的投影面，如图 5-31 中的 P 面为侧垂面。当平面的一个投影为封闭线框，另外两个投影为直线时，该平面平行于投影为封闭线框的投影面，如图 5-31 中的 Q 面为侧平面。

2. 读图的方法

（1）拉伸法　拉伸法读图一般用于柱体或由平面截割柱体而成的简单体，如图 5-32 所示，一棱柱被一侧垂面截割后形成的柱状体。所以，阅读其投影图时可用拉伸法，即可把反映立体形状特征的投影线框沿其投影方向并结合相邻投影拉伸为柱状体，如图 5-32b、c 所示。这种读图的方法即为拉伸法。

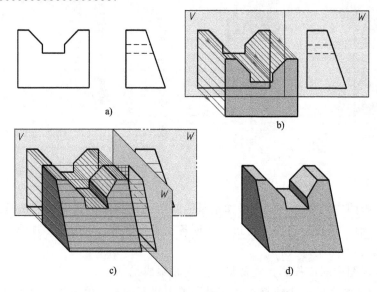

图 5-32　拉伸法读图（一）

运用拉伸法读图时，关键是在给定投影图中找出反映立体特征的线框。一般来讲，当立体的三个投影图中有两个投影图中的大多数线条互相平行，且都是平行于同一投影轴，而另一投影图是一个几何线框，该线框就是反映立体形状特征的线框。

 **投影分析**

如图 5-33a 所示的形体是柱体，图 5-33b 所示的形体是柱状体，都可以从反映形状特征的线框用拉伸法读图。

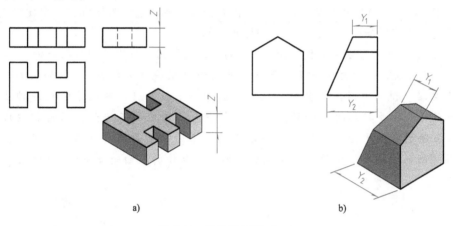

图 5-33 拉伸法读图（二）

[**例 5-2**] 用拉伸法阅读如图 5-34a、b 所示两形体的三面投影图。

如图 5-34a 所示的正面投影是一个封闭的多边形，水平投影中大多数线条是 Y 轴方向的平行线，可以确定该形体是正面上的多边形向前（Y 轴方向）拉伸出来的棱柱或柱状体。正

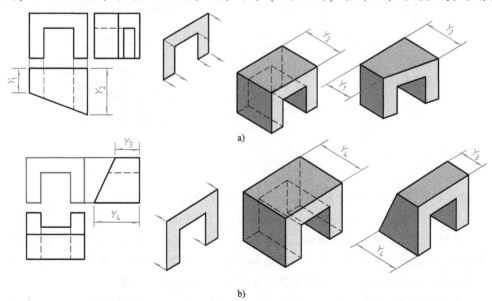

图 5-34 拉伸法读图（三）

面投影的多边形在水平投影中没有对应的类似多边形，而是积聚成前后两条直线，前面是一条斜直线。说明该柱状体的前面是铅垂面，就是说棱柱体被一个铅垂面截切，如图5-34a所示的立体图。

图5-34b所示的正面投影是一个封闭的多边形，侧面投影中大多数线条是Y轴方向的平行线，可以确定该形体是由正面上的多边形向后（Y轴反方向）拉伸出来的棱柱或柱状体。正面投影的多边形在侧面投影中没有对应的类似多边形，而是积聚成前后两条直线，后面是一条斜直线。说明该柱状体的后面是侧垂面，就是说棱柱体被一个侧垂面截切，如图5-34b所示的立体图。

应该注意的是，读此类投影图时，分析的重点要放到多边形投影和另一个比较简单的投影，尽量避开比较复杂的投影，这样读图比较容易。

*[例5-3]　用拉伸法阅读图5-35a所示的三面投影图，请同学们自己分析。

分析：图5-35a所示的水平投影是一个五边形（反映立体特征），侧面投影中多数线条平行于Z轴，说明该形体是水平面上的五边形向下拉伸（Z轴反方向）拉伸出来的五棱柱或柱状体。水平投影的五边形在侧面投影中没有对应的五边形，而是积聚成上下两条直线，上面的直线平行于Y轴，说明顶面是水平面；下面的直线与Y轴倾斜，即底面是与Y轴倾斜的侧垂面。说明该形体是柱状体，柱状体的底面是侧垂面，如图5-35b所示的立体图。

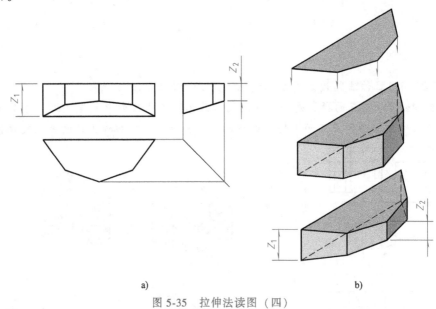

a)　　　　　　　　　　　　　　　　　　　　b)

图5-35　拉伸法读图（四）

*[例5-4]　用拉伸法阅读图5-36a所示的三面投影图，请同学们自己分析。

图5-36a所示的侧面投影是一个封闭的多边形（T字形），水平投影中大多数线条是X轴方向的平行线，说明该形体是侧面上的多边形沿X轴方向拉伸出来的棱柱或柱状体。侧面投影的多边形在水平投影中没有对应的类似多边形，而是积聚成左右两条直线，左面是一条斜直线。说明该柱状体的左面是铅垂面，如图5-36b所示的立体图。

（2）形体分析法　形体分析法读图，就是先从特征比较明显的投影图着手，根据投影图间的投影关系，把组合体分解成一些基本体，并想象各基本体的形状，再按它们之间的相

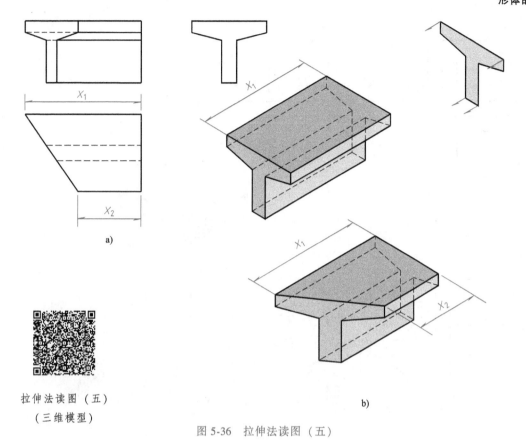

拉伸法读图（五）

（三维模型）

a)

b)

图 5-36　拉伸法读图（五）

对位置，综合想象组合体的形状，此读图方法常用于叠加型组合体。

下面以图 5-37 所示的形体为例，说明形体分析的方法：

1）从投影图中分离出表示各基本体的线框。以特征比较明显的 V 面投影图着手，将 V 面投影分为 3 个线框，即 $1'$、$2'$、$3'$，如图 5-37a 所示。

2）分别找出各线框对应的其他投影，并结合各基本体反映形状特征的投影想象形体的形状。

由于组合体各组成部分的形状和位置特征并不一定都集中在某一个方向上，因此反映各部分形状特征和位置特征的投影也不会都集中在某一个投影图上。读图时必须善于找出反映特征的投影。

读形体 I 时，首先应抓住 H 面投影中反映其形状特征的线框 1 读起，再结合其 V 面、W 面投影 $1'$、$1''$，可以通过拉伸法想象出它的形状，如图 5-37b 所示。

读形体 II 时，首先应抓住 V 面投影中反映其形状特征的线框 $2'$ 读起，再结合其 H 面、W 面投影 2、$2''$，可以通过拉伸法想象出它的形状，如图 5-37c 所示。

读形体 III 时，首先应抓住 W 面投影中反映其形状特征的线框 $3''$ 读起，再结合其 V 面、H 面投影 $3'$、3，可以通过拉伸法想象出它的形状，如图 5-37d 所示。

3）根据各部分的形状和它们的相对位置综合想象其整体形状，如图 5-37e、f 所示。此时要抓住有位置特征的投影图。

用形体分析法读图时，读每一个基本体时可以采用拉伸法、线面分析法（随后讲）。

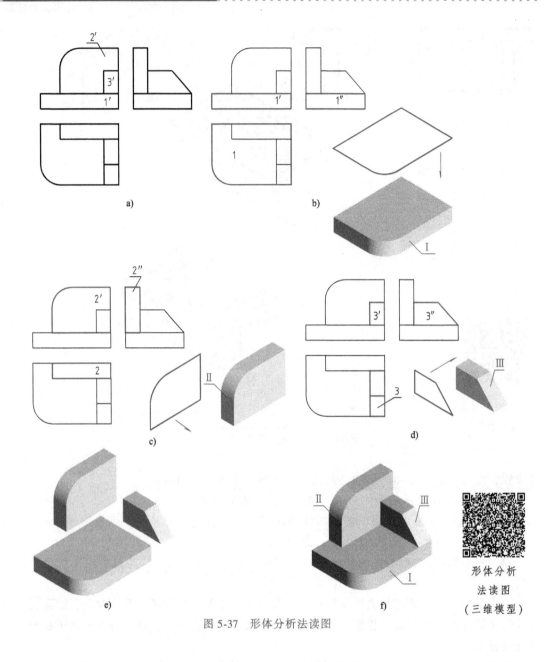

图 5-37　形体分析法读图

*[例 5-5]　如图 5-38a 所示的是涵洞洞口的三面投影图，根据其三面投影，阅读并想象其空间形状。

解：1. 形体分析

从 V 面投影中可分出三个线框，即可把涵洞洞口分为基础、墙身、缘石三个基本体，如图 5-38a 所示。

2. 读各基本体的形状

基础可从 H 面投影中反映形状特征的线框沿 Z 轴拉出，即得其空间形状，如图 5-38b 所示；缘石可从 W 面投影中反映形状特征的线框沿 X 轴拉出，即可得其空间形状，如图 5-38c

所示；墙身可从 W 面投影中反映形状特征的线框沿 X 轴拉出，然后在拉出的四棱柱的基础上挖一个圆柱状的孔，即为其空间形状，如图 5-38d 所示。

3. 综合想象整个形状

根据基础、墙身、缘石间的相对位置，可综合想象出整个涵洞洞口的形状，如图 5-38所示。

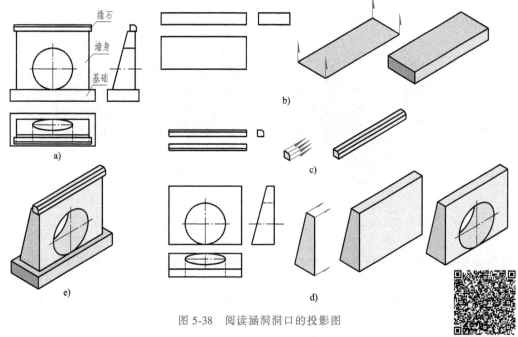

图 5-38　阅读涵洞洞口的投影图

阅读涵洞洞口的投影图（三维模型）

（3）线、面分析法（切割法）　当形体被多个平面切割、形体的形状不规则或在某个投影图上的投影重叠时，运用形体分析法难以读懂。这时要运用线、面分析，分析表面形状以及面与面之间的表面交线，并借助立体的概念想象出组合体的形状。这种方法称为线、面分析法。此读图方法常用于切割型组合体。

下面以图 5-39 所示的形体为例，说明线、面分析的方法。

1）确定物体的原始基本体形状。由图 5-39a 可知，形体的三面投影均是有缺角或缺口的矩形，可初步认定该形体是由长方体切割而成的，如图 5-39d 所示。

2）确定切割面的位置和面的形状。如图 5-39b 所示，在水平投影中有梯形线框 a，侧面投影中有对应的梯形线框 a''，而在 V 面投影中可找出与它对应的斜线 a'（表示 A 为梯形的正垂面），是由一正垂面切割而成的。

如图 5-39c 所示，在 V 面投影中有五边形线框 b'，侧面投影中有类似的五边形线框 b''，而在水平投影中可找出与它对应的斜线 b（表示 B 面是前后五边形线的铅垂面），是由这样的两个平面切割而成的。

3）根据基本体形状、各截切面与基本形体的相对位置想象切割出组合体的形状。本例中，原始基本体是长方体，首先可假想在长方体上用相应的正垂面切去左上角（图 5-39e），其次可假想在图 5-39e 的基础上用相应的铅垂面切去左前角、左后角（图 5-39f），便得到组合体形状（图 5-39g）。

在用线面分析法读图时，可采用切割橡皮或橡皮泥的方法来帮助读图。

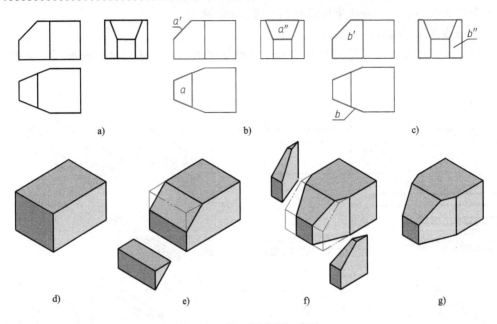

图 5-39　线、面分析法读图

[例 5-6]　如图 5-40a 所示为 U 形桥台翼墙的三面投影图，阅读并想象其空间形状。

1. 确定物体的整体形状

由图 5-40a 可知，形体的三面投影均是有缺角的矩形，可初步认定该形体是由长方体切割而成的（图 5-40e）。

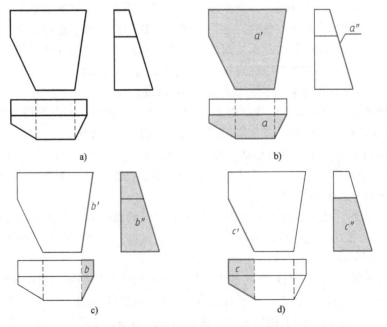

图 5-40　读 U 形桥台翼墙的投影图

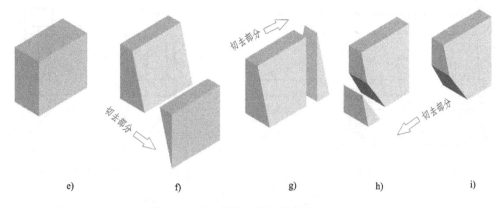

e)　　　　　　f)　　　　　　g)　　　　　　h)　　　　　　i)

图 5-40　读 U 形桥台翼墙的投影图（续）

2. 确定切割面的位置和形状

在正面投影及水平投影中有五边形线框 a'、a，而在侧面投影中可找出与它对应的斜线 a''（图 5-40b），由此可见 A 面是垂直于 W 面的五边形平面，是由侧垂面切割而成。

此时，可假想在长方体上用相应的侧垂面切去前上角（图 5-40f）。

在 W、H 面投影中有梯形线框 b''、b，而在 V 面投影中可找出与它对应的斜线 b'（图 5-40c），由此可见 B 面是正垂面，是由正垂面切割而成。

此时，可假想在图 5-40e 的基础上用相应的正垂面切去右下角（图 5-40g）。

在 W、H 面投影中有梯形线框 c''、c，而在 V 面投影中可找出与它对应的斜线 c'（图 5-40d），由此可见 C 面是正垂面，是由正垂面切割而成。

此时，可假想在图 5-40g 的基础上用相应的正垂面切去右下角，如图 5-40i 所示。

*[例 5-7]　根据桥墩的正面投影和水平投影（图 5-41a）补画其侧面投影。

已知两面投影补画其第三面投影是考察读图能力的有效手段，只有读懂了两面投影，才能正确地画出第三面投影。所以，已知两面投影补画其第三面投影是识图习题中最常见的形式。

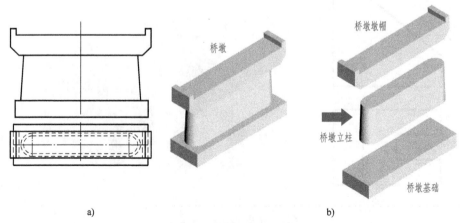

a)　　　　　　　　　　　　b)

图 5-41　补画桥墩的侧面投影
a) 已知条件　b) 形体分析

83

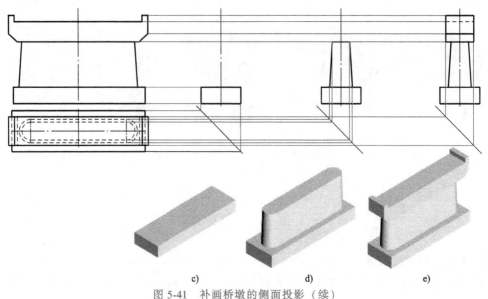

c)   d)   e)

图 5-41　补画桥墩的侧面投影（续）

c) 补基础的投影　d) 补墩身的投影　e) 补盖梁的投影

要补画其第三面投影，首先按照前面介绍的读图方法读懂已知的两面投影，想象出形体的形状，然后画出该形体的第三面投影。

从图 5-41a 正面投影可以看出桥墩是一个叠加体，由三部分组成。读每一部分要从正面投影入手在水平投影中找到对应的投影关系，想象其形状，然后逐步画出每一部分的投影。作图方法如图 5-41c~e 所示。

[例 5-8]　根据形体的正面投影和水平投影（图 5-42a）补画其侧面投影。

从图 5-42a 正面投影和水平投影均是有缺角的矩形，可初步认定该形体是由长方体经过两次切割而成的，分析过程如图 5-42b 所示。

先画原始长方体侧面投影，然后逐步画出切去各部分后形成的交线及擦掉被截切掉的线条。

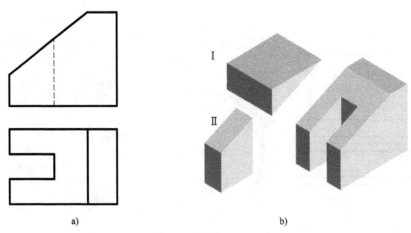

a)   b)

图 5-42　补画形体的侧面投影

a) 已知正面、水平投影　b) 形体分析

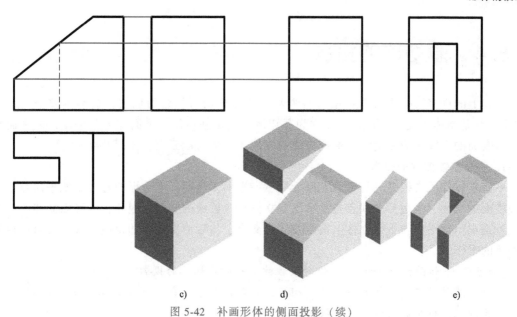

c)　　　　　　　　　d)　　　　　　　　　e)

图 5-42　补画形体的侧面投影（续）

c）画原始长方体投影　d）画切去部分 I 后形成的交线

e）画切去部分 II 后形成的交线

投影分析

图 5-43 为两种重力式桥墩的投影情况，请同学们自己分析。

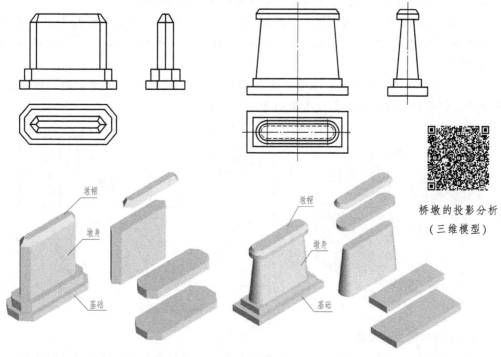

桥墩的投影分析
（三维模型）

图 5-43　桥墩的投影分析

*5.4   截切体的投影

工程上的许多结构物可看作是由多个基本体经截切再组合而成的。基本体被平面所截（即平面与基本体相交）形成的形体称为截切体，截切基本体的平面称为截平面，截平面与基本体表面的交线称为截交线，由截交线围成的图形称为截断面，如图5-44所示。

1. 平面立体被截的投影

平面立体的截交线是一封闭的平面折线——平面多边形，多边形的各边是截平面与立体相应棱面的交线，多边形的顶点是截平面与立体相应棱线的交点。因此，求平面立体的截交线，就是求出截平面与平面立体上被截棱线的交点，然后依次连接即得截交线，之后可得其截切体的投影。

[例5-9]   如图5-44所示，求作六棱柱被正垂面截切后的投影。

分析：截平面与六棱柱的四个棱面相交，且与顶面也相交，故截交线为五边形 ABCDE。五边形各顶点是截平面与六棱柱棱线的交点。

作图步骤：

1）画六棱柱的投影。

2）因截断面的 V 面投影积聚成直线，可以直接求出截交线上各点的正面投影 a'、b'、c'、d'、e'，截平面与顶面的交线 AB 为正垂线，其 H 面投影 ab 可直接作出，截交线上的 C、D、E 点均在六棱柱垂直于 H 面的棱线上，所以 C、D、E 点的 H 面投影 c、d、e 可以在六棱柱的 H 面投影中直接找到，于是作出了截交线的 H 面投影 abcde。

3）A、B 点分别在顶面最前、最后的棱线上，所以 a"、b" 的 W 面投影可以直接作出，根据直线上取点的方法作出 C、D、E 的 W 面投影，也就作出了截交线的 W 面投影 a"b"c"d"e"。

4）六棱柱截去了左上角，截交线的 H 面投影、W 面投影均为可见。截去的部分棱线不再画出，但右侧棱线未被截去，在 W 投影中应画出虚线。

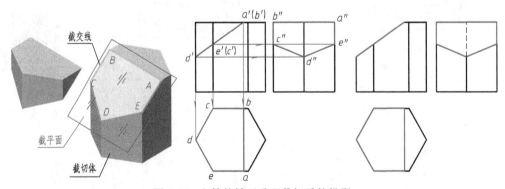

图 5-44   六棱柱被正垂面截切后的投影

2. 回转体被截的投影

回转体被平面所截，截交线是封闭的平面曲线，或是曲线和直线组成的平面图形，或是平面多边形。回转体不同，截平面相对于回转体的位置不同，回转体被平面所截产生的截交线也不同，截平面一般都与某投影面平行或垂直。这样，截交线在这个投影面上的投影反映实形或积聚成直线。表 5-2 是常见回转体的截交线。

表 5-2　常见回转体的截交线

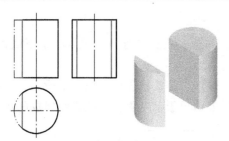

截平面与圆柱轴线平行
截交线为一矩形

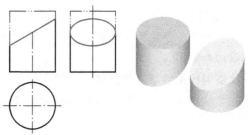

截平面与圆柱轴线相交
截交线为椭圆

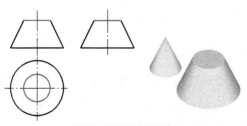

截平面与圆锥轴线垂直
截交线为圆

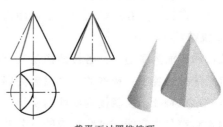

截平面过圆锥锥顶
截交线为两条相交的直线

截平面与圆锥轴线相交
截交线为椭圆

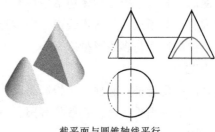

截平面与圆锥轴线平行
截交线为双曲线

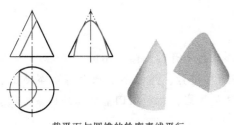

截平面与圆锥的轮廓素线平行
截交线为抛物线

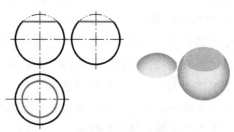

截平面与球相交且为水平面
截交线为水平圆

本 章 小 结

1．棱柱

棱柱的上、下底面是互相平行且全等的多边形，侧棱线相互平行而且垂直于上下底面，各棱面均为矩形。

棱柱的投影特征： 棱柱的一个投影积聚成一个多边形，是棱柱顶面与底面的投影，反映棱柱的形状特征，反映棱柱顶面和底面的实形；而另外两投影都是由实线或虚线组成的矩形线框。

画棱柱体的投影图时， 先画顶面、底面反映实形的多边形的投影，再画顶面、底面的其他两面投影，最后将顶面、底面对应点的同面投影用直线连接起来，就完成了作图。

读图时， 若一个投影为多边形，而另外两投影是由实线或虚线组成的矩形线框，则该形体是垂直于多边形所在投影面且上下底面为与多边形投影全等的棱柱。

2．棱锥

棱锥的底面为多边形，各棱面都是具有公共顶点的三角形。

棱锥的投影特征： 棱锥的一个投影为多边形中嵌套具有公共顶点的三角形，该多边形反映棱锥的形状特征，反映棱锥底面的实形（顶点与多边形各角点的连线为侧棱的投影）；而另外两投影都是由实线或虚线组成的有公共顶点的三角形线框。

画棱锥三面投影图时， 一般应先画出底面的各个投影，然后确定锥顶的三面投影，将它与底面各点连接起来，就可画出棱锥的投影图。

读图时， 若一个投影为多边形中嵌套具有公共顶点的三角形，而另外两投影是由实线或虚线组成有公共顶点的三角形线框，则该形体是棱锥，且棱锥底面平行于多边形投影所在投影面，棱锥的底面与多边形投影全等。

3．圆柱

圆柱的投影特征： 圆柱一个投影是圆，其他两个投影是相等的矩形线框。

画圆柱的三面投影时，一般先画圆，再根据圆柱的高和投影规律画出其他两个投影。

4．圆锥

圆锥的投影特征： 圆锥一个投影是圆，其他两个投影是相等的等腰三角形线框。

画圆锥的三面投影时，一般先画圆，再根据圆锥的高和投影规律画出其他两个投影。

5．组合体的投影

组合体是由若干个基本几何体组合而成的形体。

组合体有叠加、切割等组合形式，其表面连接形式有平齐、相错、相切、相交。

叠加体画图时，先分析清楚各基本体的形状和相互位置，然后逐个画上各基本体的投影，并依次叠加；切割体画图时，先画出原始基本体的投影，然后从切割平面的积聚性投影入手，逐个画出被切部分的投影。

读图方法有拉伸法，形体分析法，线、面分析法，柱状体宜采用拉伸法，叠加体宜采用形体分析法，切割体宜采用线、面分析法。

复习思考题

1. 棱柱体的投影特征是什么？其画图的一般顺序是什么？

2. 棱锥体的投影特征是什么？其画图的一般顺序是什么？

3. 圆柱体的投影特征是什么？其画图的一般顺序是什么？

4. 圆锥体的投影特征是什么？其画图的一般顺序是什么？

5. 什么叫组合体？组合体有哪些组合形式？表面连接形式有哪些？

6. 如何画叠加、切割的组合体的投影图？

7. 投影图中的线、线框代表什么样的含义？投影图中相邻的线框、线框包围中的线框代表什么含义？

8. 如何在相邻投影图中找对应关系？

9. 拉伸法，形体分析法，线、面分析法分别适合于阅读什么样的组合体？

第 **6** 章

轴测投影图

主要内容	能力要求	相关知识
轴测投影的基本知识	1. 理解轴测投影的基本概念 2. 了解轴测投影的种类和特点	轴测投影的形成
		轴测投影的名词
		轴测投影轴的设置
		轴测投影的分类
		轴测投影的特性
正等测投影	掌握正等测投影图的画法	正等测投影图的轴间角、轴向变化率
		正等测投影图的画法
斜二测投影	掌握斜二测投影图的画法	斜二测投影图的轴间角、轴向变化率
		斜二测投影图的画法
*回转体的轴测投影	了解圆的正等测投影图的画法	*圆的正等测投影
		*回转体的轴测投影

　　轴测图是用轴测投影的方法画出来的一种富有立体感的图形，它接近于人们的视觉习惯，在生产和学习中常用它作为辅助图样来帮助未经读图训练的人读懂正投影图。比如产品广告画、商品交易会上的展览画、居民区规划等都用到轴测投影图。

6.1　轴测投影的基本知识

6.1.1　轴测投影的形成

　　轴测投影是采用正投影或斜投影的方法，以单面投影的形式所得到的一种图示方法，可以分为两类：

　　其一是将形体斜放，如图 6-1a 所示，使其三个坐标轴方向都倾斜于一个投影面 P（轴测投影面），然后用正投影的方法向轴测投影面 P 投影，称为正轴测投影；由这种图示方法画出来的图称为正轴测投影图，简称正轴测图。

　　其二是将形体正放，采用斜投影的方法向轴测投影面进行投影，如图 6-1b 所示，称为斜轴测投影；由这种图示方法画出来的图称为斜轴测图。

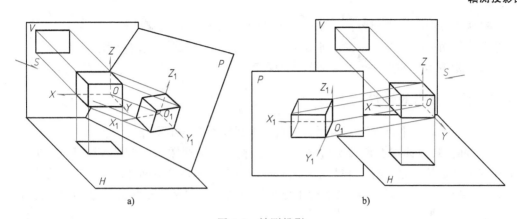

图 6-1　轴测投影

a）正轴测投影　b）斜轴测投影

6.1.2　轴测投影的名词

轴测投影面：轴测投影的投影面，如图 6-1 中所示的平面 P。

轴测投影轴：直角坐标轴 OX、OY、OZ 在轴测投影面上的投影 O_1X_1、O_1Y_1、O_1Z_1，称为轴测投影轴，简称轴测轴。

轴间角：轴测投影轴之间的夹角称为轴间角。

轴向变化率：三条直角坐标轴上的单位长度 e 的轴测投影长度为 e_X、e_Y、e_Z，它们与 e 之比，即 $p=\dfrac{e_X}{e}$，$q=\dfrac{e_Y}{e}$，$r=\dfrac{e_Z}{e}$，分别称为 O_1X_1、O_1Y_1、O_1Z_1 轴的轴向变化率。

6.1.3　轴测投影轴的设置

根据轴测投影的图示方法画形体的轴测图时，先要确定轴测轴 O_1X_1、O_1Y_1、O_1Z_1，然后再根据这些轴测轴作为基准来画轴测图。轴测轴一般常设置在形体本身内，与主要棱线、对称中心线或轴线重合，也可以设置在形体之外，如图 6-2 所示。

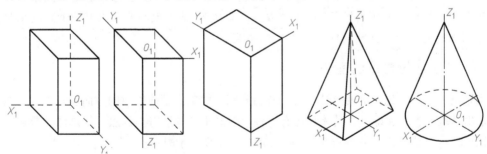

图 6-2　轴测投影轴的设置

6.1.4　轴测投影的分类

轴测投影分为正轴测投影和斜轴测投影两类。每类按轴向变化率又分为三种：

若三个轴向变化率都相等，即 $p=q=r$，称正（或斜）等测投影；

若有两个轴向变化率相等，即 $p=r\neq q$，称为正（或斜）二测投影；

若三个轴向变化率都不相等，即 $p\neq q\neq r$，称为正（或斜）三测投影。

工程上常采用正等测、正二测和斜二测投影。

6.1.5 轴测投影的特性

由于轴测投影是平行投影，因而它们具有平行投影的基本特性。

1）空间直角坐标轴投影成为轴测图以后，直角在轴测图中一般已变成不是 90°了，但是沿轴测轴确定长、宽、高三个坐标方向的性质不变，即仍可沿轴确定长、宽、高方向。

2）在轴测图中，形体上原来平行于坐标轴的线段仍然平行于相应的轴测轴，形体上相互平行的直线其轴测投影仍彼此相互平行。

3）在画轴测图时，形体上平行于坐标轴的线段（轴向线段），可按其原来尺寸乘以轴向变化率后，再沿着轴测轴定出其投影长度，这便是"轴测"二字的含义。

但应注意，形体上不平行于坐标轴的线段（非轴向线段），它们的投影的变化率与平行于坐标轴的那些线段的变化率不同，因此不能将非轴向线段的长度直接移到轴测图上。画非轴向线段的轴测投影时，需要用坐标法定出其两端点在轴测坐标系中的位置，然后再顺次连成线段形成轴测投影图。

6.2 正等测投影

6.2.1 正等测投影图的轴间角、轴向变化率

正等测图的三个轴间角相等，都是 120°；三个轴向变化率相等，都是 0.82，通常采用简化轴向变化率，即 $p=q=r=1$，采用简化轴向变化率画成的正等测图比实际投影的尺寸约大 22%（图 6-3b），但是并不影响立体感，而作图却简便多了。

作正等测轴时，一般总是使 O_1Z_1 轴画成垂直位置（但应注意它并不是空间垂直线，应想象它在空间是对着读图者倾斜的），使 O_1X_1 和 O_1Y_1 轴画成与水平线成 30°。应想象在空间是互相垂直的三个坐标轴构成的一个坐标系统。

6.2.2 正等测投影图的画法

画轴测图时，首先画出轴测轴，可沿着轴测轴方向确定轴向线段的方向和长度，非轴向线段可求出其端点，相连即可，具体画法有多种。最基本的画法有坐标法、切割法、叠加法。

[例 6-1] 试用坐标法作如图 6-4a 所示三棱锥的正等测图。

解：用坐标法画轴测图就是将形体上各顶点的直角坐标移到轴测投影系中去，定出各点的轴测投影，再用直线连接这些点的轴测投影，即得到形体的轴测图。

1）在正投影图中定坐标轴 OX、OY、OZ（图 6-4a）。

2）画出正等测轴测轴 O_1X_1、O_1Y_1、O_1Z_1（图 6-4b）。

3）根据投影坐标值定出 A_1、B_1、C_1，其中 B_1A_1 为 X_1 轴向线，定出 B_1 在原点后，可直接沿 O_1X_1 量出 $B_1A_1=ba=b'a'$，A_1C_1、B_1C_1 是非轴向线，不能直接量取，由 $C(X_C,Y_C)$

定出 C_1 点，然后连成 A_1C_1、B_1C_1 得锥底面正等测图（图 6-4b）。

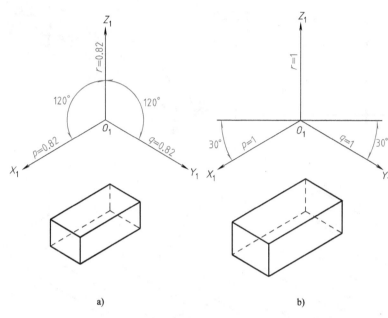

正轴测图的
形成（视频）

正等测的轴测轴和
轴间角（视频）

坐标法作长方体的
正等测投影（视频）

图 6-3　正等测投影的轴测轴、轴间角、轴向变化率

4）由于三个棱也是非轴向线，不能直接量出。所以，根据 $S(X_S,\ Y_S,\ Z_S)$ 定出 S_1，连接棱线 S_1A_1、S_1B_1、S_1C_1 得到三棱锥正等测图（图 6-4c、d）。

正六棱柱的正等轴
测图画法（视频）

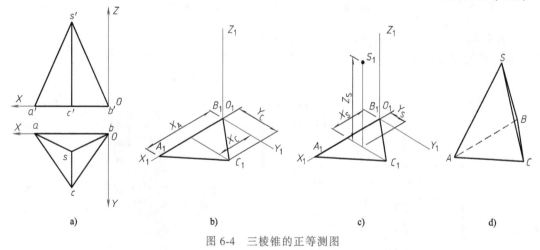

图 6-4　三棱锥的正等测图

[例 6-2]　用切割法作图 6-5a 所示形体的正等测图。

解：可以将该形体看成是由四棱柱切割而成，具体作法如下：

1）画长、宽、高分别为 L、B、H 的四棱柱的轴测图（图 6-5c）。

2）切割上部的槽，其尺寸为 $L_2 \times B \times H_1$（图 6-5d）。

3）切割下部的左右两角，完成作图（图 6-5e）。

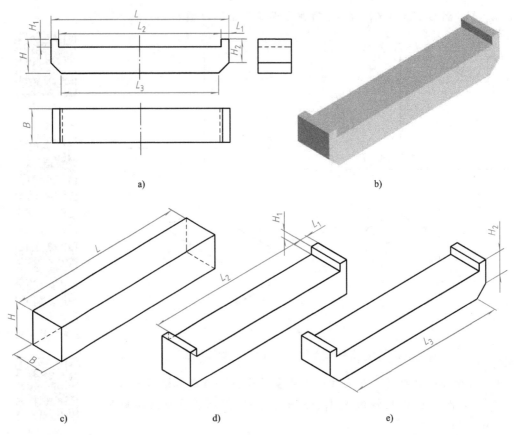

图 6-5 切割法作形体的正等测图

a）正投影图   b）立体图   c）、d）、e）作图过程

[例 6-3] 用叠加法作图 6-6a 所示挡土墙的正等测图。

解：将该形体看成是两个简单形体组成，具体作法如图 6-6c、d、e 所示。

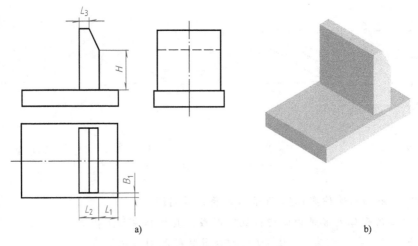

图 6-6 叠加法作形体的正等测图

a）正投影图   b）立体图

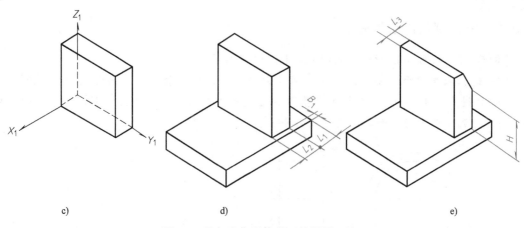

图 6-6　叠加法作形体的正等测图（续）

c)、d)、e) 作图过程

*6.3　斜二测投影

6.3.1　斜二测投影图的轴间角、轴向变化率

由于 XOZ 坐标面平行于轴测投影面，所以斜二测投影的两个投影轴 O_1X_1、O_1Z_1 互相垂直，轴向变化率 $p = r = 1$，O_1Y_1 轴与 O_1Z_1 轴成 135°角，轴向变化率 $q = 0.5$，如图 6-7 所示。

斜二测图的正面形状能反映形体正面的真实形状；特别当形体正面有圆和圆弧时，画图简单方便，这是它的最大优点。

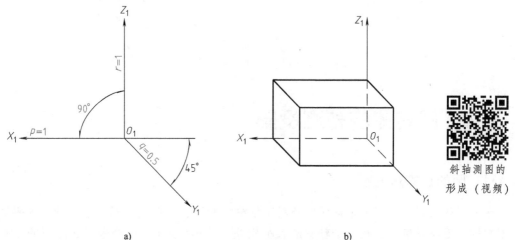

斜轴测图的
形成（视频）

a)　　　　　　　　　　　　　　　　　b)

图 6-7　斜二测投影的轴测轴、轴间角、轴向变化率

画斜二测投影图通常从最前的面开始，沿 Y_1 轴方向分层定位，在 $X_1O_1Z_1$ 轴测面上确定形状，注意 Y_1 方向变化率为 0.5。

6.3.2 斜二测投影图的画法

[例6-4] 画图6-8a所示涵洞洞身的斜二测投影图。

解: 选取涵洞洞面作 XOZ 坐标面,可先画与立面图完全相同的正面形状,然后在各交点处画45°斜线(图6-8b)。在斜线上量取 $B/2$ 定出 Y 轴方向上的各点(图6-8c),然后连接这些点得到涵洞洞身的斜二测图(图6-8c、d)。

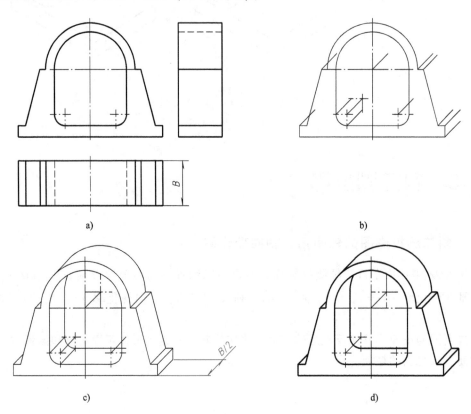

a) b) c) d)

图 6-8 斜二测投影图
a) 正投影图 b)、c)、d) 作图过程

*6.4 回转体的轴测投影

6.4.1 圆的正等测投影

在正等测投影中,三个坐标面均倾斜于轴测投影面,因此正平圆、水平圆、侧平圆的正等测投影形状是椭圆,且三个轴测圆大小相等。图6-9所示为三个坐标面内圆的正等测投影图。由图可见: $X_1O_1Y_1$ 面上椭圆的长轴垂直于 O_1Z_1 轴; $X_1O_1Z_1$ 面上椭圆的长轴垂直于 O_1Y_1 轴; $Y_1O_1Z_1$ 面上椭圆的长轴垂直于 O_1X_1 轴。椭圆的正等轴测图一般采用四心圆弧法作图。

[例 6-5] 求作图 6-10a 所示半径为 R 的水平圆的正等轴测图。

解： 1）定出直角坐标的原点及坐标轴。画圆的外切正方形，与圆相切于 a、b、c、d 四点，如图 6-10b 所示。

2）画出轴测轴，并在 X_1、Y_1 轴上截取 $O_1A_1 = O_1B_1 = O_1C_1 = O_1D_1 = R$，得出 A_1、B_1、C_1、D_1 四点，如图 6-10c 所示。

3）过 A_1、C_1 和 B_1、D_1 点分别作 O_1Y_1、O_1X_1 轴的平行线，得菱形，如图 6-10c 所示，对角距较短的两角点为 I_1、II_1。

4）连接 I_1C_1、I_1D_1、II_1A_1、II_1B_1 交于 III_1、IV_1，如图 6-10d 所示。

5）分别以 I_1、II_1 为圆心，I_1C_1 为

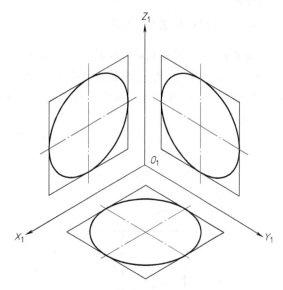

图 6-9　三个坐标面内圆的正等测投影

半径画圆弧 $\overset{\frown}{C_1D_1}$、$\overset{\frown}{A_1B_1}$，再分别以 III_1、IV_1 为圆形，以 III_1A_1 为半径，画出圆弧 $\overset{\frown}{A_1D_1}$、$\overset{\frown}{C_1B_1}$。由这四段圆弧光滑连接而成的图形，即为该水平圆的正等轴测图。

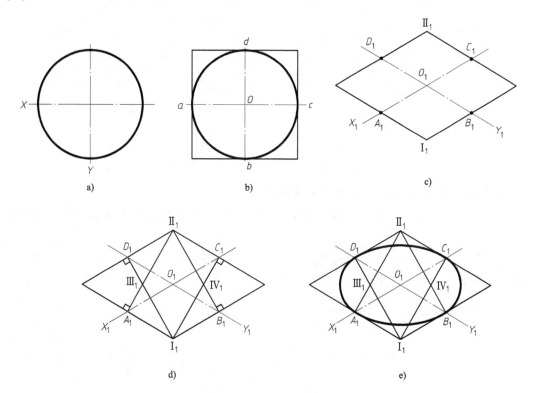

图 6-10　圆的正等测投影
a）正投影图　b）、c）、d）、e）作图过程

6.4.2 回转体的轴测投影

[例6-6] 画图6-11a所示圆柱的正等轴测图。

解：设轴测轴 O_1Y_1 与圆柱的轴线重合（图6-11b）；圆柱前后两圆都是画成正平面位置的椭圆（图6-11c、d、e），画出两椭圆的公切线即圆柱面的轮廓线就完成了圆柱的正等轴测图（图6-11f）。

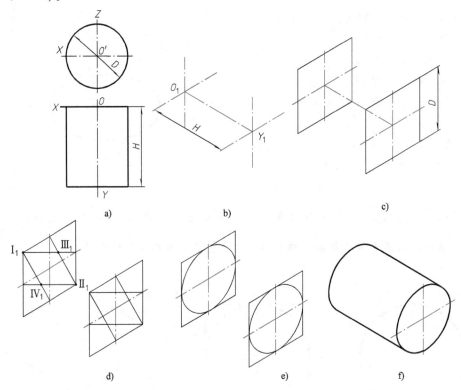

图 6-11　圆柱的正等轴测图
a）正投影图　b）、c）、d）、e）、f）作图过程

[例6-7] 画图6-12a所示圆台的正等轴测图。

解：设轴测轴 O_1X_1 与圆台的轴线重合，圆台的顶圆和底圆都是画成侧平面位置的椭

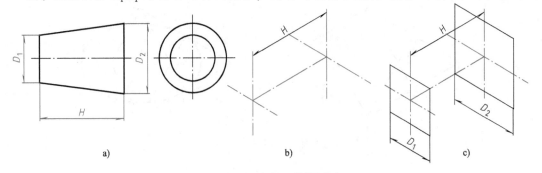

图 6-12　圆台的正等轴测图
a）正投影图　b）、c）作图过程

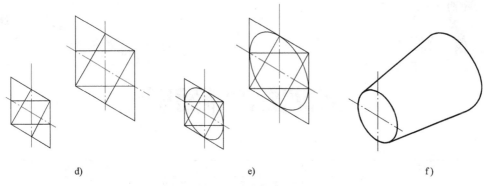

d)　　　　　　　　　e)　　　　　　　　　f)

图 6-12　圆台的正等轴测图（续）

d)、e)、f) 作图过程

圆，而圆台曲面的轮廓线是大小椭圆的公切线，如图 6-12b~f 所示。

本 章 小 结

正等测投影

正等测图的三个轴间角相等，都是 120°；三个轴向变化率相等，都是 0.82，通常采用简化轴向变化率，即 $p=q=r=1$。

作正等测轴时，一般总是使 O_1Z_1 轴画成垂直位置，使 O_1X_1 和 O_1Y_1 轴画成与水平线成 30°。首先画出轴测轴，可沿着轴测轴方向确定轴向线段的方向和长度，非轴向线段可求出其端点，相连即可。

画轴测投影图最基本的画法有坐标法、切割法、叠加法。

斜二测投影

斜二测投影的两个坐标轴 O_1X_1、O_1Z_1 互相垂直，轴向变化率 $p=r=1$，O_1Y_1 轴与 O_1Z_1 轴成 135°角，轴向变化率 $q=0.5$。

斜二测图的正面形状能反映形体正面的真实形状，特别当形体正面有圆和圆弧时，画图简单方便，这是它的最大优点。

画斜二轴测图通常从最前的面开始，沿 Y_1 轴方向分层定位，在 X_1O_1，Z_1O_1 轴测面上确定形状（与正面投影完全相同）。

复习思考题

1. 正等测投影图的轴间角是多少，轴向变化率一般采用多大？
2. 斜二测投影图的轴间角，轴向变化率是多少？
3. 画轴测投影图的方法有哪几种，分别适合于哪种情况？
4. 斜二测投影图适用于什么样的形体？

第 **7** 章

剖面图和断面图

主要内容	能力要求	相关知识
剖面图	1. 理解剖面图的形成 2. 掌握剖面图的标注方法 3. 掌握剖面图的分类及画法 4. 能识读各种剖面图 5. 能绘制各种剖面图	剖面图的形成
		剖面图的标注
		剖面图的分类（全剖面图、半剖面图、局部剖面图、阶梯剖面图、旋转剖面图、展开剖面图）
断面图	1. 理解断面图的形成 2. 掌握断面图的标注方法 3. 掌握断面图的分类及画法 4. 能识读各种断面图 5. 能绘制各种断面图	断面图的形成
		断面图的标注
		断面图的分类（移出断面图、重合断面图、中断断面图）
*剖面图和断面图的工程实例	了解工程图中剖面图和断面图的表达方法	工程实例分析

道路工程中的内部结构

　　道路工程中有些形体的内部结构比较复杂，如图 7-1a 所示埋在路堤下的涵洞，从外部是看不到内部结构的，这样图上会出现太多的虚线，给读图带来困难。如果将其剖切开来，其内部结构便清晰地呈现在眼前，如图 7-1b 所示。假想地将形体剖切开，来表达其内部结构，这便是剖面图和断面图要解决的问题。

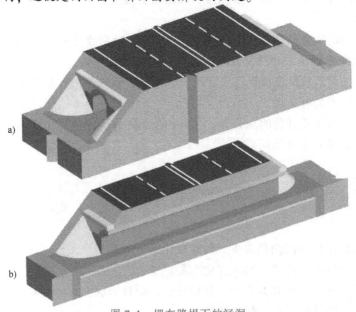

图 7-1　埋在路堤下的涵洞

7.1 剖面图

7.1.1 剖面图的形成

　　假想用剖切平面将形体切开后,将观察者与剖切平面之间的部分移去,而将剩余部分向投影面投影所得出的投影图称为剖面图。如图 7-2a 所示,假想用平行于 V 面的剖切平面 P 将形体沿对称平面切开后,将前面部分移去,而将剩余部分向 V 面投影,并在被剖到的实体部分画上相应的材料剖面图例,便得到图 7-2c 所示的 $A—A$ 剖面图。

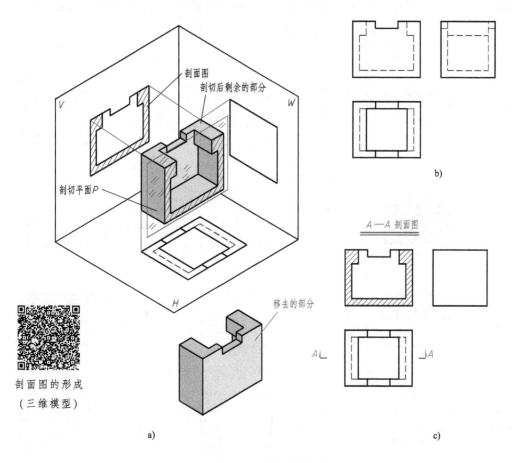

图 7-2　剖面图的形成
a) 剖面图的形成　b) 形体的投影图　c) 形体的剖面图

7.1.2 剖面图的标注

　　(1) 剖切位置　一般用剖切符号 (5~10mm 的短粗实线) 表示剖切平面的位置,剖切符号不要与轮廓线相交,如图 7-2c 所示。

（2）投影方向　在剖切符号两端，用单边箭头（与剖切符号垂直）表示投影方向，如图 7-2c 所示。

（3）剖面图名称　道路工程制图标准规定，在剖切符号和单边箭头一侧用一对大写英文字母或阿拉伯数字来表示剖面图名称，并在所得相应剖面图的上方居中写上对应的剖面图名称。其字母或数字中间用长 5~10mm 的细短线间隔，例如图 7-2c 中，"*A—A* 剖面"。为了美观，在剖面图名称的字样底部画上上粗下细两条等长平行的短线，两线间距为 1~2mm。

（4）材料图例　剖面图中包含了形体的断面，在断面上必须画上表示材料类型的图例，如图 7-3a 所示剖面图上的材料图例，表示该形体的材料是金属。如果没有指明材料时，可在断面处画上互相平行且等间距的 45° 细实线为替代材料图例，称为剖面线，如图 7-2c 所示。当一个形体有多个断面时，所有剖面线的方向一致，间距均应相等。

《道路工程制图国家标准》（GB 50162—1992）中规定的常用材料剖面图例见表 7-1。

表 7-1　道路工程制图常用材料剖面图例

名　称	图　例	名　称	图　例	名　称	图　例
天然土 夯实土	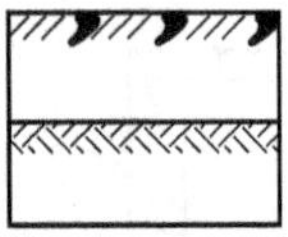	细、中粒式沥青混凝土 粗粒式沥青混凝土	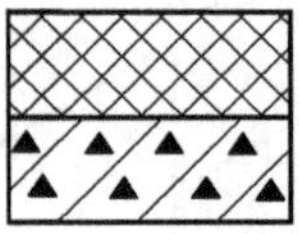	泥结碎砾石 泥灰结碎砾石	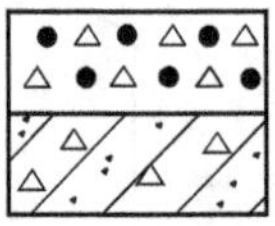
浆砌块石 浆砌片石	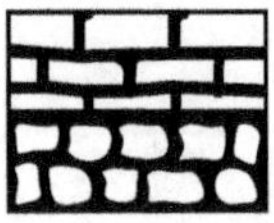	水泥稳定土 水泥稳定沙砾	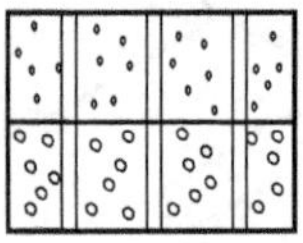	填缝碎石 天然砂砾石	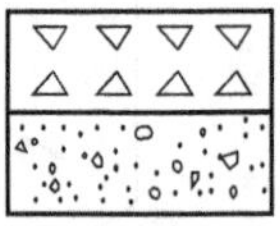
干砌片石 水泥混凝土	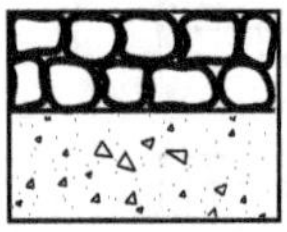	水泥稳定碎砾石 石灰土	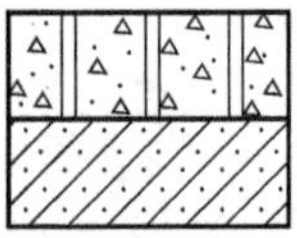	横断面木材 纵断面木材	
钢筋混凝土 沥青碎石	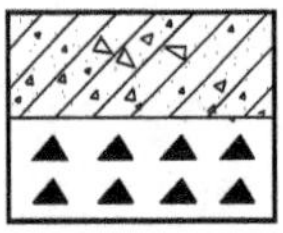	石类粉煤灰 石类粉煤灰土	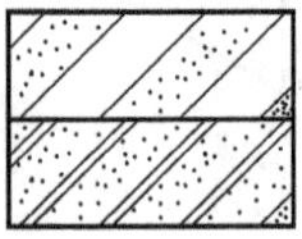	金属 橡胶	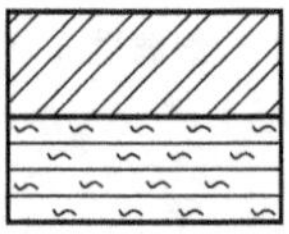
沥青贯入碎砾石 沥青表面处治	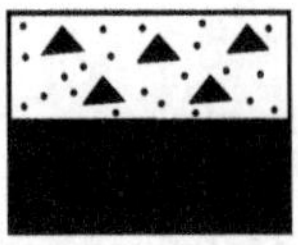	石灰粉煤灰砂砾 石灰粉煤灰碎砾石	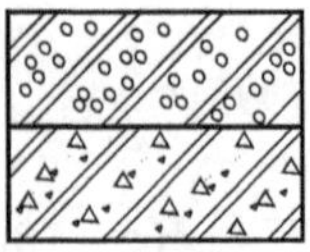	级配碎砾石	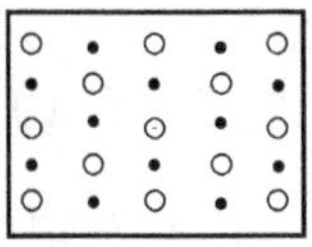

7.1.3 剖面图的分类

1. 全剖面图

假想用剖切面将形体全部剖开所得到的剖面图，叫做全剖面图，如图 7-3 所示的泄水管的剖面图即全剖面图。全剖面图适用于外形结构比较简单而内部结构比较复杂的形体或非对称结构的形体，如图 7-3、图 7-4 所示。

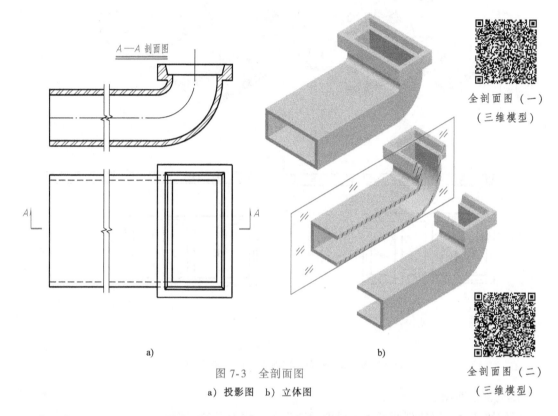

图 7-3 全剖面图
a）投影图 b）立体图

全剖面图（一）
（三维模型）

全剖面图（二）
（三维模型）

若形体对称，且剖切平面通过对称平面，全剖面图又置于基本投影位置时，标注可以省略，如图 7-4 所示的泄水管盖的剖面图，剖切平面 P 通过形体的前后对称平面，且从前向后投影，剖面图配置在立面图位置，所以省略了标注，剖切平面 Q 没有通过形体的左右对称平面，所以不能省略标注，如图 7-4c 所示。

2. 半剖面图

当形体具有对称平面，以对称中心线为界，可将其投影的一半画成外形正投影图，另一半画成剖面图，这种图形叫做半剖面图，如图 7-5、图 7-6 所示。半剖面图适用于内、外形状都比较复杂、都需要表达的对称形体。

半投影图与半剖面图的分界线为点划线，若作为分界线的点划线刚好与轮廓线重合，则不能采用半剖面图，可采用局部剖面图。

若形体具有两个方向的对称平面，且剖切面通过对称平面，半剖面图又置于基本投影位置时，标注可以省略。如图 7-5a 所示，立面位置的半剖面图省略标注。如图 7-6 所示，立面与侧面位置的半剖面图均可省略标注。

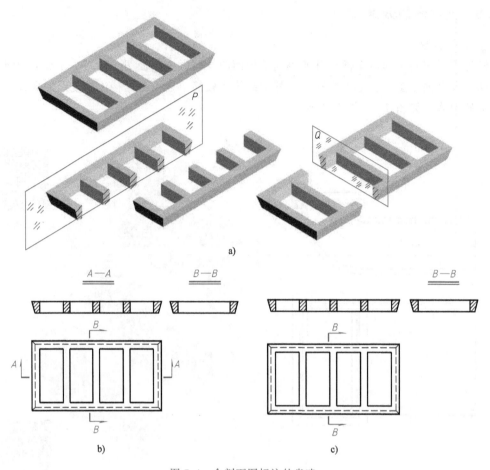

图 7-4　全剖面图标注的省略

a）立体图　b）未省略标注的剖面图　c）省略标注后的剖面图

3. 局部剖面图

用剖切平面局部地剖开形体所得到的剖面图，称为局部剖面图。

如图 7-7 所示管壁上的小圆孔的内部构造，若采用全剖面图，上部的倒角部分就表达不出来了，所以采用局部剖面图表示，这样既保留了上部倒角的投影，同时也表达出下部小圆孔的结构。

局部剖面图用波浪线来表示剖切的范围。局部剖是一种灵活的表达方式，其位置、剖切范围的大小都可根据需要来定，当物体上有孔眼、凹槽等局部形状需要表达时都可以采用局部剖面图，如图 7-8 所示形体的正面投影与水平投影都采用了局部剖面图。

在专业图中局部剖面图常用来表示多层结构所用材料和构造的做法，按结构层次逐层用波浪线分开，这种剖面图又称为分层剖面图，图 7-9 是表示路面各结构层的局部剖面图。

局部剖面图不需要标注。

4. 阶梯剖面图

当形体具有几个不同的结构要素，且它们的中心线排列在相互平行的平面上，可以采用几个互相平行的剖切平面来剖切形体，所得到的剖面图称为阶梯剖面图，如图 7-10 所示。

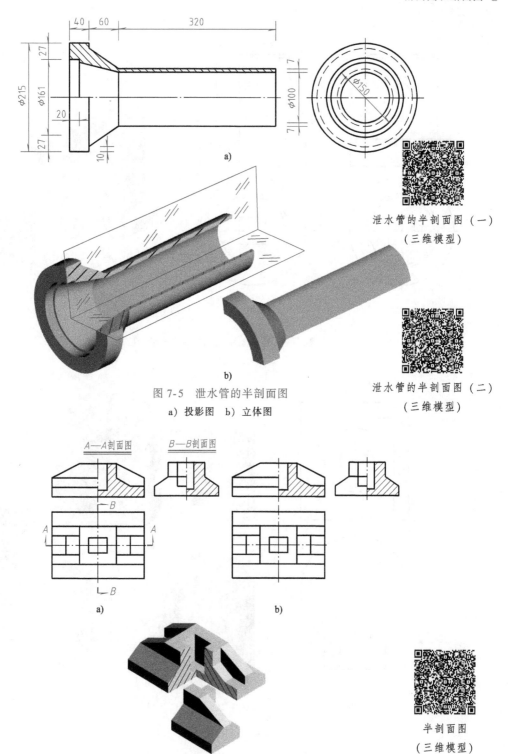

图 7-5　泄水管的半剖面图

a）投影图　b）立体图

泄水管的半剖面图（一）
（三维模型）

泄水管的半剖面图（二）
（三维模型）

A—A剖面图　　B—B剖面图

a）　　　　　　　　　　　　b）

c）

图 7-6　半剖面图

a）未省略标注　b）省略标注　c）立体图

半剖面图
（三维模型）

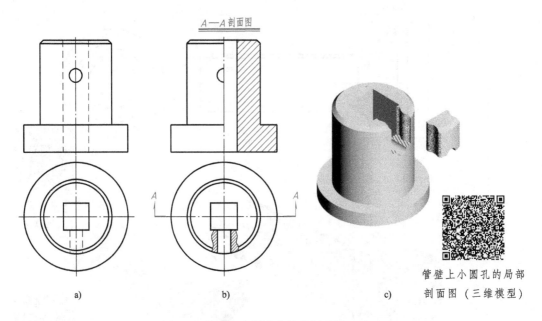

A—A 剖面图

a)   b)   c)

管壁上小圆孔的局部
剖面图（三维模型）

图 7-7　管壁上小圆孔的局部剖面图

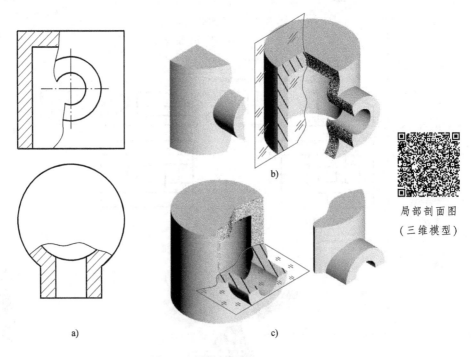

b)

局部剖面图
（三维模型）

a)   c)

图 7-8　局部剖面图

　　阶梯剖面图适合于表达内部结构（孔或槽）的中心线排列在几个相互平行的平面内的形体。

　　读阶梯剖面图应注意：

1) 在阶梯剖面图上, 不画出两个剖切平面转折处交线的投影。

2) 阶梯剖面图在剖切的起止点和转折处均应画出剖切线, 如图 7-10a 水平投影图所示。读阶梯剖面图必须注意标注, 分析剖切平面及转折处的位置。

路面各结构层的局部
剖面图 (三维模型)

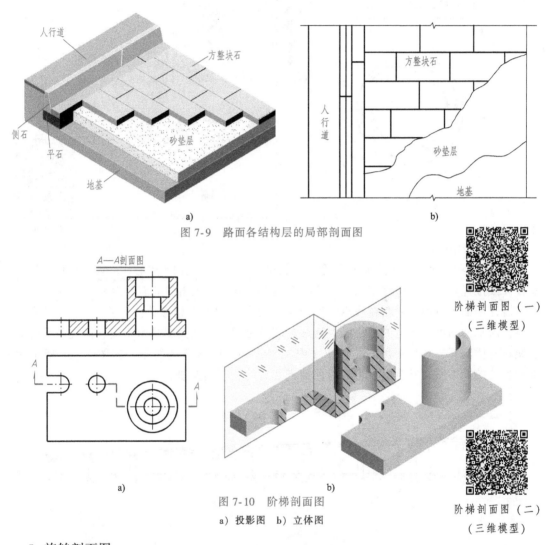

图 7-9 路面各结构层的局部剖面图

阶梯剖面图 (一)
(三维模型)

图 7-10 阶梯剖面图
a) 投影图 b) 立体图

阶梯剖面图 (二)
(三维模型)

5. 旋转剖面图

用两相交的剖切平面 (交线垂直于一基本投影面) 剖切形体后, 将倾斜于基本投影面的剖面旋转到与基本投影面平行的位置, 再进行投影, 使剖面图得到实形, 这样的剖面图叫做旋转剖面图。如图 7-11 所示, 用一个正平面和一个铅垂面分别通过检查井的两个圆柱孔轴线将其剖开, 将铅垂面部分旋转到与 V 面平行后再投影而得到的旋转剖面图。

旋转剖面图适合于表达内部结构 (孔或槽) 的中心线不在同一平面上, 且具有回转轴的形体, 如图 7-11 所示的检查井。

读旋转剖面图应注意分析标注, 分析两剖切平面交线及剖切后的旋转方向。

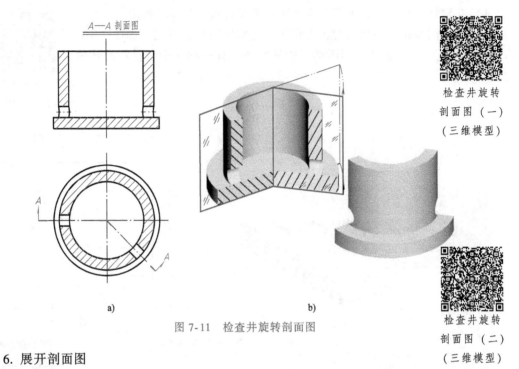

检查井旋转
剖面图（一）
（三维模型）

检查井旋转
剖面图（二）
（三维模型）

图 7-11　检查井旋转剖面图

6. 展开剖面图

剖切面是用曲面或平面与曲面组合而成的铅垂面，沿构造物的中心线剖切，再将剖切平面展开（或拉直），使之与投影面平行，并进行投影，这样所画出的剖面图称为展开剖面图。

展开剖面图适用于道路路线纵断面及带有弯曲结构的工程形体。如图 7-12 所示为一座弯桥，由平面图可知弯桥的中心线为直线与圆弧合成的，立面图是由平面和圆柱面沿桥面中心线将弯桥剖开，再将剖切平面展开（或拉直）得到的展开剖面图。如图 7-13a 所示为桥上护栏柱的投影图，其侧面投影为沿曲面剖切后的展开剖面图。

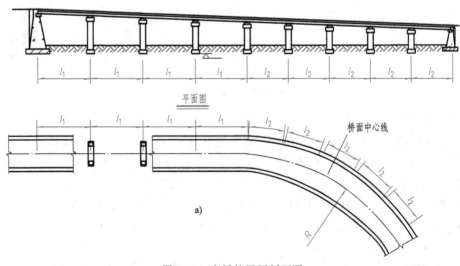

图 7-12　弯桥的展开剖面图

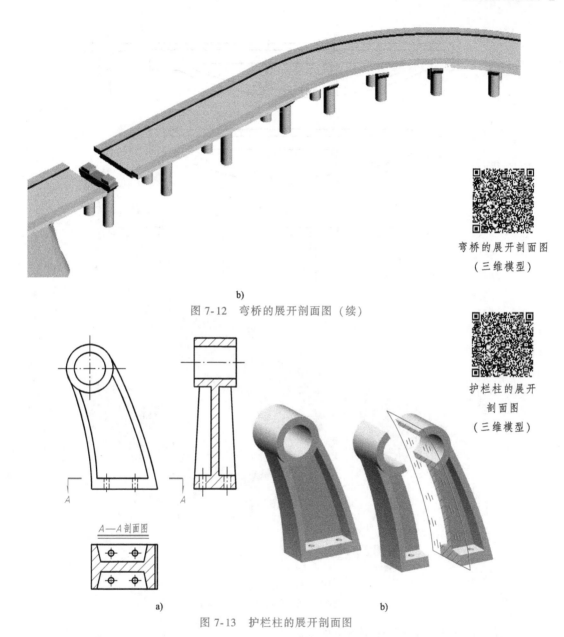

弯桥的展开剖面图
（三维模型）

b)

图 7-12 弯桥的展开剖面图（续）

护栏柱的展开
剖面图
（三维模型）

A—A 剖面图

a)   b)

图 7-13 护栏柱的展开剖面图

7.2 断面图

7.2.1 断面图的形成

假想用剖切平面将形体某处切断，仅画出截断面的形状，这种图形称为断面图，如图 7-14b 所示的梁不同位置的断面图。比较图 7-14a 中的 1—1 剖面图和图 7-14b 中的 1—1 断面图，可以看出断面图与剖面图的区别。

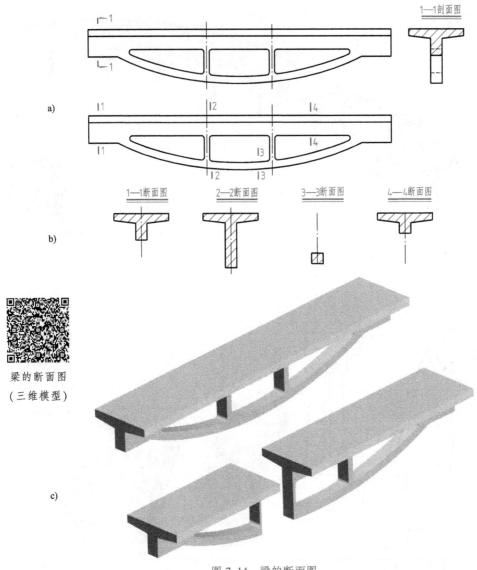

图 7-14　梁的断面图
a）剖面图　b）断面图　c）立体图

断面图上一般要画材料图例或剖面线。

7.2.2　断面图的标注

断面图的标注与剖面图的标注有所不同。断面图的剖切符号只画出剖切位置线，但不画表示投影方向的单边箭头。只是用编号的注写位置来表明投影方向。编号写在剖切线下方，表示向下投影，编号写在剖切线左边，表示向左投影。图 7-14 中的 1—1、2—2、3—3、4—4断面都是向右投影画出的。

7.2.3　断面图的分类

断面图根据布置的位置不同，分为移出断面图、重合断面图和中断断面图。

1. 移出断面图

画在投影图外面的断面图，称为移出断面图，如图 7-15 所示，形体的移出断面图，在立面图上标出其剖切位置及编号，将各断面图顺序排列画出并注上 $A—A$ 断面、$B—B$ 断面等视图名称。

移出断面图的轮廓线用标准实线绘制，可以用大于基本视图的比例画出移出断面图，如图 7-15b 所示。

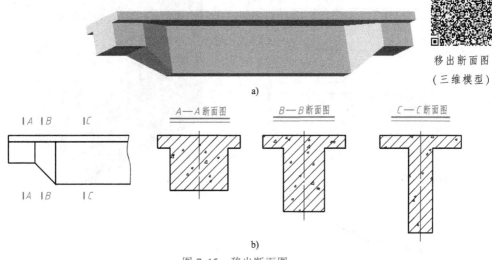

移出断面图
（三维模型）

图 7-15　移出断面图
a）立体图　b）断面图

2. 重合断面图

直接将断面图按形成左侧投影或水平投影的旋转方向重合画在基本投影图轮廓内，称为重合断面图，如图 7-16 所示为槽钢、工字钢、角钢的重合断面图。图 7-17 为重合断面图在工程上的应用实例。

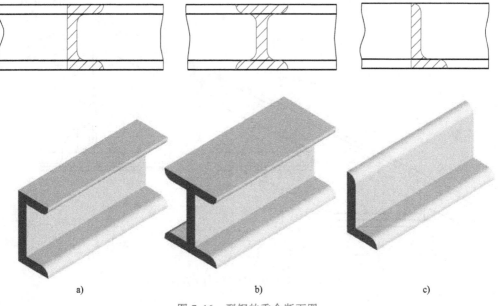

图 7-16　型钢的重合断面图

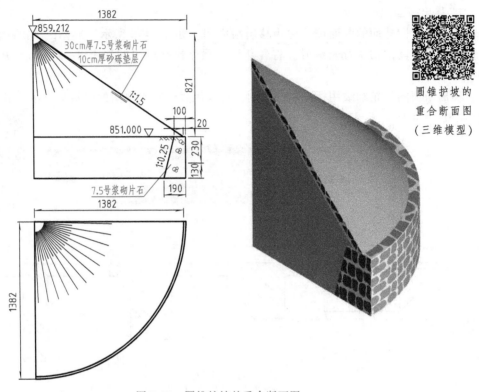

圆锥护坡的
重合断面图
（三维模型）

图 7-17　圆锥护坡的重合断面图

重合断面图的比例应与基本视图一致，其断面轮廓线规定用细实线，并不加任何标注。

3. 中断断面图

把长杆件的投影图断开，把断面图画在中间，这样的断面图称为中断断面图。如图 7-18 所示为钢屋架中型钢杆件的中断断面图。

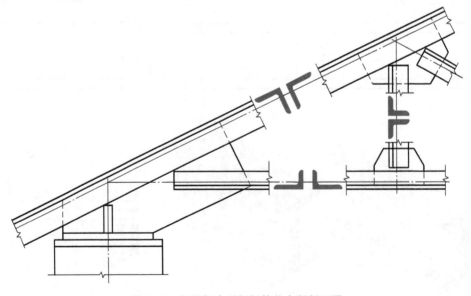

图 7-18　钢屋架中型钢杆件的中断断面图

中断断面图不需标注，断面轮廓线为粗实线，而且比例与基本视图一致。

7.3 剖面图和断面图的工程实例

实例分析

*[例7-1] 图7-19为重力式桥台的投影图，立面图采用全剖面图。台身由混凝土浇筑而成、基础及台帽由钢筋混凝土浇筑而成，剖面图中画出了材料图例。由于材料不同，在台身与基础，台身与台帽断面之间都画出分界线。侧面图由台前和台后两个方向的视图各取一半拼成，这是常见的表达方法。由于桥台宽度方向尺寸较大，所以采用了折断的画法。

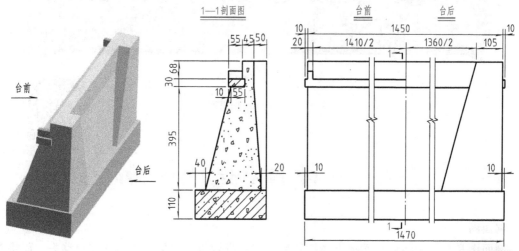

图 7-19 重力式桥台投影图

重力式桥台
投影图
(三维模型)

*[例7-2] 阅读图7-20所示的预制T梁的投影图。

图7-20是由立面图和三个移出剖面图来表达T梁，各断面图整齐排列在投影图之外，使梁截面变化情况表达清楚，虽然画的是断面图，但为了表达清楚横隔板与主梁的相互关系，在断面图上画出了距截面较近的横隔板的投影，这也是道路工程图中的习惯画法。

由立面图的标注可以看出，该梁由预制主梁和现浇横隔板、现浇桥面板组成，该梁是将预制T形主梁安装后，再浇筑桥面板和横隔板。由立面图可以看出现浇横隔板的厚度及横隔梁之间的间距，而且可以看出主梁中部与两端截面是不相同的。

再从每一个断面图两侧的折断线可以看出整个桥面板是连在一起的，横隔板和相邻梁的横隔板是连在一起的。

由跨中的Ⅰ—Ⅰ断面图可以看出，T梁的跨中的腹板部较薄，马蹄部分较小。由接近梁端的Ⅱ—Ⅱ断面图可以看出，此处腹板部仍然较薄，但马蹄部分逐渐变高。由梁端的Ⅲ—Ⅲ

断面图可知此处腹板厚度与马蹄厚度相同。

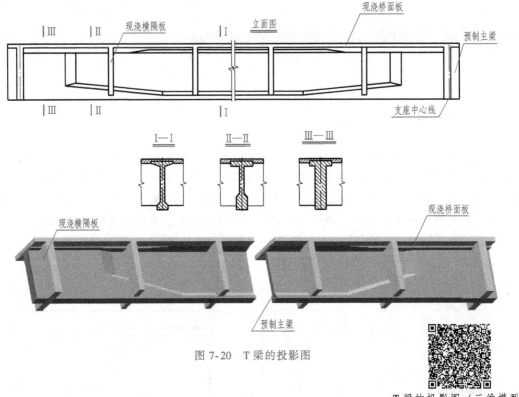

图 7-20　T 梁的投影图

T 梁的投影图（三维模型）

本 章 小 结

剖面图

剖面图是假想用剖切平面将形体切开后，将观察者与剖切平面之间的部分移去，而将剩余部分向投影面投影所得出的投影图。

一般用剖切符号（5~10mm 的短粗实线）表示剖切平面的位置，在剖切符号两端用单边箭头表示投影方向，在剖切符号和单边箭头一侧用一对大写英文字母或阿拉伯数字来表示剖面图名称，并在所得相应剖面图的上方居中写上对应的剖面图名称。其字母或数字中间用长 5~10mm 的细短线间隔。在剖面图名称的字样底部画上上粗下细两条等长平行的短线，两线间距为 1~2mm。在断面上必须画上表示材料类型的图例。

剖面图可分为：全剖面图、半剖面图、局部剖面图、阶梯剖面图、旋转剖面图和展开剖面图。

断面图

断面图是假想用剖切平面将形体某处切断，仅画出截断面的形状的图形。

断面图的剖切符号只画出剖切位置线，但不画表示投影方向的单边箭头。只是用编号的注写位置来表明投影方向。

断面图根据布置的位置不同，分为移出断面图、重合断面图和中断断面图。

复习思考题

1. 什么叫剖面图？什么叫断面图？剖面图有哪几种？断面图有哪几种？

2. 剖面图、断面图如何标注？其包含哪些内容？什么情况下可以省略标注？

3. 各种剖面图适合于什么样的形体？

4. 半剖面图与半外形图的分界线是什么线？

第**8**章

道路路线工程图

主要内容	能力要求	相关知识
公路路线工程图	了解公路路线平面图、纵断面图、横断面图的内容与特点	公路路线平面图
		公路路线纵断面图
		公路路基横断面图
城市道路工程图	了解城市道路平面图、纵断面图、横断面图的内容与特点	城市道路平面图
		城市道路纵断面图
		城市道路横断面图
城市道路排水系统工程图(城市道路类专业选用)	了解城市道路排水施工平面图、排水施工纵断面图的内容与特点	城市道路雨水排除系统
		排水系统施工图
路基防护工程图(公路类专业选用)	了解防护工程图的内容与特点	浆砌片石护面坡设计图
		*框架锚杆边坡设计图

道路简介

道路基本组成包括路基、路面、桥梁、涵洞、隧道、防护工程和排水设施等。道路分为公路和城市道路两种。位于城市郊区和城市以外的道路称为公路,位于城市范围以内的道路称为城市道路。

道路工程具有组成复杂、长宽高三向尺寸相差悬殊、形状受地形影响大和涉及学科广的特点。由于以上特点,道路工程的图示方法与一般工程图样不完全相同,它是以地形图为平面图、以纵向展开断面图为立面图、以横断面为侧面图,并且大都各自画在单独的图纸上,利用这三种工程图,来表达道路的空间位置、线型和尺寸。

绘制道路工程图时,应遵守《道路工程制图标准》(GB 50162—1992)中的有关规定。

8.1 公路路线工程图

公路路线简介

公路路线是指道路沿长度方向的行车道中心线。由于道路的位置和形状受道路所在地区的地形、地貌、地物以及地质等自然条件的综合影响,因此道路路线有竖向高度变化(上坡、下坡、竖曲线)和平面弯曲(左向、右向、平曲线)变化,所以从总体来看是一条空间曲线,如图8-1所示。

图 8-1　盘山公路

公路路线工程图包括路线平面图、路线纵断面图和路基横断面图。

8.1.1　公路路线平面图

路线平面图是上面绘有道路中心线的地形图。其作用是表达路线的方向、平面线型、沿线两侧一定范围内的地形、地物的情况以及结构物的平面位置。

 实 例 分 析

图 8-2 所示为山西省朔州市环城西路 K6+400 至 K7+100 段的路线平面图。

路线平面图主要内容包括地形和路线两部分。

1. 地形部分

（1）方位　为了表示路线所在地区的方位和路线的走向，在路线平面图上应画出指北针或坐标网。指北针在图上是用符号"⬀"来表示的，箭头所指为正北方向。方位的坐标网在图上是用"$\frac{X}{Y}$"符号来表示的，其 X 轴向为南北方向（坐标值增加的方向为北），Y 轴向为东西方向（坐标值增加的方向为东）。坐标值的标注应靠近被标注点，书写方向应平行网格或在网格延长线上，数值前应标注坐标轴线代号。图 8-2 所示的路线平面图采用坐标网表示法，可以看出新建道路的走向大致是由南向北的。

（2）比例　路线平面图的地形图是经过勘测而绘制的，可根据地形的起伏情况采用相应的比例。城镇区一般采用 1：500 或 1：1000，山岭重丘区一般采用 1：2000，微丘和平原区一般采用 1：5000。

（3）地形　路线平面图中地形起伏情况用地形图来表示。

用一系列高差相等的水平面来截切不规则的地形面，所得的截交线是一系列不同高程（标高）的等高线，如图 8-3a 所示，画出这些等高线的水平投影即为地形面的标高投影图，也称为地形图，如图 8-3b 所示。需注意的是，在标注各等高线的高程数值时，字头要朝向地面的上坡方向。用这种方法表示地形面，能够清楚地反映地形的起伏变化以及坡向等。

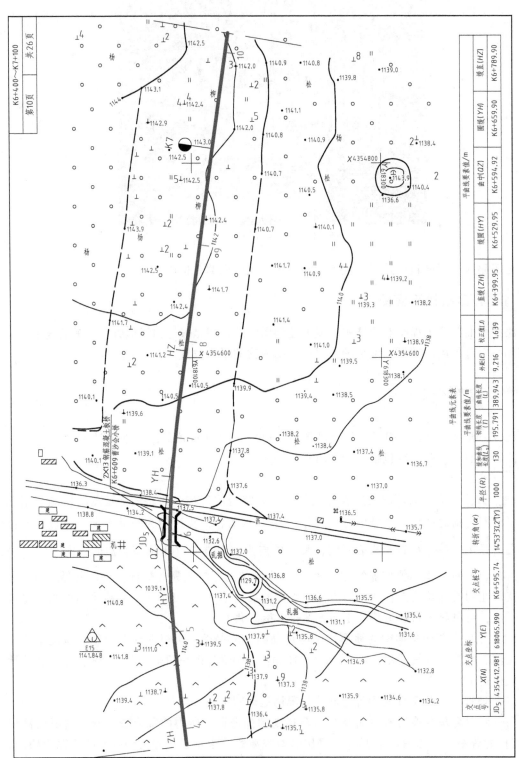

图 8-2 朔州市环城西路路线平面图

1）地形面上的等高线有如下特性：

① 等高线是不规则的曲线。

② 等高线一般是封闭曲线（在有限的图形范围内可不封闭）。

③ 除悬崖、峭壁外，等高线不相交。

④ 等高线的疏密反映地形的陡缓，即等高线越密，地势越陡；等高线越疏地势越平坦。

在地形图中，一般每隔四条等高线有一条加粗等高线，加粗的等高线称为计曲线，不加粗的等高线称为首曲线。

2）典型地貌在地形图上的特征如下：

① 山丘。如图 8-4a 所示，等高线闭合圈由小到大高程依次递减，等高线也随之渐稀，则对应地形是山丘。

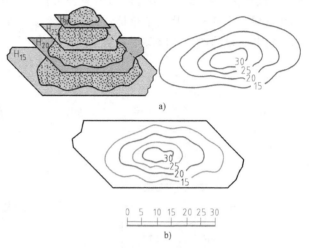

图 8-3　地形面的标高投影

a）立体图　b）投影图

② 盆地。如图 8-4b 所示，等高线闭合圈由小到大高程依次递增，等高线也随之渐稀，则对应地形是盆地。

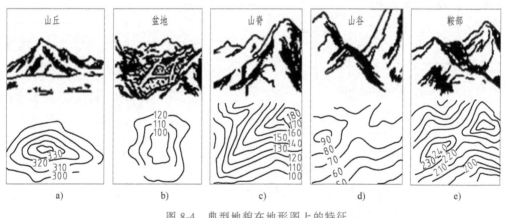

图 8-4　典型地貌在地形图上的特征

a）山丘　b）盆地　c）山脊　d）山谷　e）鞍部

③ 山脊。如图 8-4c 所示，等高线凸出方向指向低高程，则对应地形是山脊。

④ 山谷。如图 8-4d 所示，等高线凸出方向指向高处，则对应地形是山谷。

⑤ 鞍部。如图 8-4e 所示，相邻两峰之间，形状像马鞍的区域称为鞍部，在鞍部两侧的等高线形状接近对称。

如图 8-2 所示，图上的小黑点表示测点，其高程数值注在点的右侧。通过等高线两侧测点的高程可以判断两相邻等高线的高差，该图中相邻两根等高线之间的高差为 2m。根据图中等高线的疏密可以看出该地区地势较平缓，该地区西北部及西南部地势较高，东部地势较低。

（4）地物　在路线平面图中地形面上的地物如河流、房屋、道路、桥梁、电力线、植被等，都是按《国家基本比例尺地图图式 第 1 部分：1：500 1：1000 1：2000 地形图图式》（GB/T 20257.1—2017）的国家标准绘制的。常用的地物图例见表 8-1。对照图例可知，图

8-2 中该地区中南部有一条公路与新建公路相交，在该公路的东南侧有一条冲沟，西南侧有一片房屋；南部有一片人工草地；北部地区有杨树林、松树林及天然草地。图 8-2 中还标示出了机井、电力线、小路等的位置。

表 8-1　道路工程常用地物图例

名称	图例	名称	图例	名称	图例
学校		机场		港口	
井		变电室		烟囱	
堤		冲沟		池塘坑穴	
陡崖 a.土质的 b.石质的		河流		高速公路	
		水渠		等级公路	
铁路		大车道		等外公路	
沙滩		输电线		小路	
沙砾滩		配电线		电信线	
房屋		建筑中房屋		窑 a.堆式窑 b.台式窑 瓦、陶—产品名	
斜坡		梯田坎		地类界线	
陡坎		旱地		竹林	
果园		稻田		菜地	
林地					
天然草地		人工草地		散坟地	
GPS控制点 B—等级 14—点号 495.263—高程		导线点 I16—等级 84.46—高程		独立坟地	
图根点 12—点号 275.46—高程		水准点 Ⅱ—等级 京石5—点名 点号 32.805—高程		三角点 张湾岭—点名 156.718—高程	
				指北针	

120

注意：路线平面图中的植被、控制点等地物图例应朝上或向北绘制。

2. 路线部分

（1）设计路线　由于路线平面图所采用的绘图比例较小，且公路的宽度相对于长度来说尺寸小得多，故无法按实际尺寸画出公路的宽度，因此在路线平面图中，设计路线是用加粗实线表示道路中心线的。

（2）里程桩　道路路线的总长度和各段之间的长度用里程桩号表示。里程桩号应从路线的起点至终点由小到大依次顺序编号，并规定在平面图中路线的前进方向是从左向右。里程桩分为千米桩和百米桩两种。

千米桩宜标注在路线前进方向的左侧，用符号"⬤"表示桩位，用"K×××"表示其千米数，且注写在符号的上方；百米桩宜标注在路线前进方向的右侧，用垂直于路线的细短线表示桩位，用阿拉伯数字表示百米数，注写在短线的端部。如图 8-2 所示，该图中"K6"表示距离路线起点 6km；在 K6 公里桩的前方注写的"5"表示桩号为 K6+500，说明该点距路线起点为 6500m。

（3）平曲线　道路路线在平面上是由直线段和曲线段组成的，在路线的转折处应设平曲线。最常见的较简单的平曲线为圆曲线，其基本几何要素及画法如图 8-5 所示：JD 为交角点，是路线的两直线段的理论交点；α 为转折角，是路线前进时向左（α_Z）或向右（α_Y）偏转的角度；R 为圆曲线半径；T 为切线长，是切点与交角点之间的长度；E 为外距，是曲线中点到交角点的距离；L 为曲线长，是圆曲线两切点之间的弧长；GQ 点为两平曲线的切点。

在路线平面图中，转折处应注写交角点代号并依次编号，如 JD_2 表示第 2 个交角点。还要注出曲线段的起点 ZY（直圆）、中点 QZ（曲中）、终点 YZ（圆直）的位置。为了将路线上各段平曲线的几何要素值表示清楚，一般还应在图中的适当位置列出平曲线要素表，如图 8-2、图 8-5 所示。如果设置缓和曲线，则将缓和曲线与前、后段直线的切点，分别标记为 ZH（直缓点）和 HZ（缓直点）；将圆曲线与前、后段缓和曲线的切点，分别标记为 HY（缓圆点）和 YH（圆缓点）。

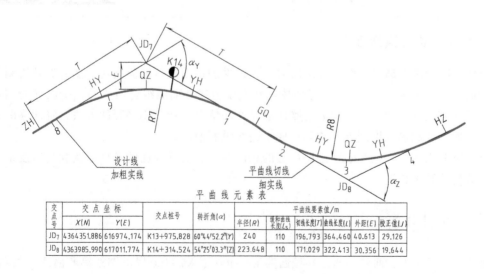

平曲线元素表

交点号	交点坐标		交点桩号	转折角(α)	平曲线要素值/m					
	$X(N)$	$Y(E)$			半径(R)	缓和曲线长度(L_s)	切线长度(T)	曲线长度(L)	外距(E)	校正值(J)
JD_7	4364351.886	616974.174	K13+975.828	60°4′52.2″(Y)	240	110	196.793	364.460	40.613	29.126
JD_8	4363985.990	617011.774	K14+314.524	54°25′03.3″(Z)	223.648	110	171.029	322.413	30.356	19.644

图 8-5　平曲线几何要素及其画法

如图 8-2 所示，该图中新设计的这段公路是从 K6+400 处开始，在交角点 JD_5 处向右转折，$\alpha_Y = 14°53'37.2''$，圆曲线半径 $R = 1000m$，图中注出了 ZH、HY、QZ、YH、HZ 的位置并列出了平曲线要素表。

（4）结构物和控制点　在路线平面图上还需标示出道路沿线的结构物和控制点，如桥梁、涵洞、通道、立交、三角点、水准点和导线点等。道路工程常用的结构物图例，见表 8-2。结合表 8-2 可从图 8-2 中了解到道路沿线结构物的位置、类型和分布情况以及控制点的坐标和高程。如 "" 表示在里程为 K6+609 处有一座 2×13 钢筋混凝土板桥（曹沙会小桥），该桥共 2 跨，跨径 13m；"$\triangle\dfrac{E15}{1141.848}$" 表示第 15 个 GPS 控制点，其等级为 E 级，控制点高程为 1141.848m。

表 8-2　道路工程常用结构物图例（平面图）

序号	名　称	图　例	序号	名　称	图　例
1	涵洞		6	通道	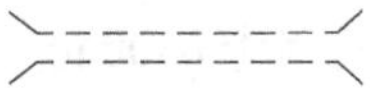
2	桥梁（大、中桥按实际长度绘制）	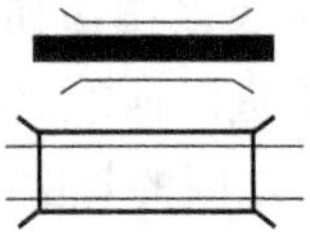	7	分离式立交 a)主线上跨 b)主线下穿	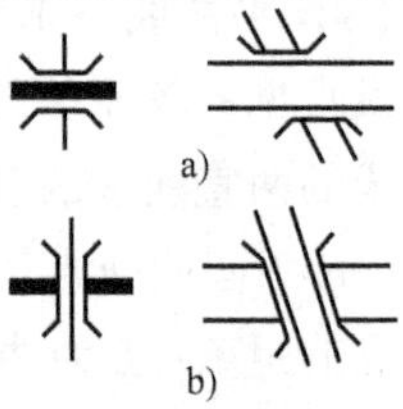 a) b)
3	隧道		8	互通式立交（按采用形式绘制）	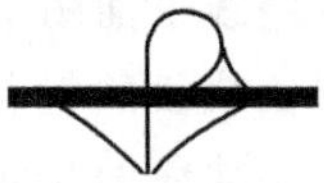
4	养护机构		9	管理机构	
5	隔离墩		10	防护栏	

8.1.2　公路路线纵断面图

路线纵断面图是通过公路中心线用假想的铅垂剖切面进行纵向剖切，然后展开绘制而获得的断面图，如图 8-6 所示。由于公路中心线是由直线和曲线组合而成的，所以纵向剖切面既有平面又有曲面。为了清晰地表达路线的纵断面情况，特采用展开的方法，将此纵断面展平成一平面，并绘制在图纸上，这就形成了路线纵断面图。

路线纵断面图的作用是表达道路中心的纵向线型、沿线地面的高低起伏状况以及地质和沿线设置构造物的概况。

实例分析

如图 8-7 所示为山西省朔州市环城西路 K6+400 至 K7+100 段的路线纵断面图，与图 8-2 所示的公路路线平面图相对应。

路线纵断面图包括图样和资料表两部分，一般图样画在图纸的上部，资料表布置在图纸的下部。

1. 图样

（1）比例　路线纵断面图的横向表示路线的里程（前进方向），竖向表示设计线和地面的高程。由于路线、地形的高程变化比起路线的长度要小得多，为了在路线纵断面图上清晰地显示出高程的变化和设计上的处理，绘图时一般竖向比例要比横向比例放大数倍。如图 8-7 所示，该图横向比例为 1∶2000，而竖向比例为 1∶200。为了便于画图和读图，一般还应在纵断面图的左侧按竖向比例画出高程标尺。

图 8-6　路线纵断面图形成示意图

（2）设计线和地面线　在纵断面图中，粗实线为公路纵向设计线，是由直线段和竖曲线组成的，它是根据地形起伏和公路等级，按相应的公路工程技术标准而确定的，**设计线上各点的标高通常是指二级以下公路路基边缘的设计高程，或一级公路及高速公路中央分隔带外缘的设计高程**。不规则的细折线为设计中心线处的地面线，它是根据原地面上沿线各点的实测中心桩高程而绘制的。比较设计线与地面线的相对位置，可确定填挖地段和填挖高度。

（3）竖曲线　在设计线的纵向坡度变更处，即变坡点，应按公路工程技术标准的规定设置竖曲线，以利于汽车平稳行驶。竖曲线及相关要素的画法如图 8-8 所示。竖曲线分为凸形和凹形两种，在图中分别用"┳"和"┻"符号表示，符号中部的竖线应对准变坡点，竖线两侧标注变坡点的里程桩号和变坡点的高程。符号的水平线两端应对准竖曲线的起点和终点，水平线上方应标注竖曲线的要素值（半径 R、外距 E、切线长 T）。如图 8-7 所示，在 K7+000 处设有 $R=20000\text{m}$ 的凸曲线，其外距 $E=0.26\text{m}$，切线长度 $T=101.03\text{m}$，该变坡点的高程为 1142.270m。

（4）沿线构造物　道路沿线如设有桥梁、涵洞、立交和通道等构造物时，应在其相应的设计里程和高程处，按表 8-3 中图例绘制并注明构造物名称、种类、大小和中心里程桩号。如图 8-7 所示，在 K6+609 里程桩处设有一座 2×13 钢筋混凝土板桥（曹沙会小桥），该桥共 2 跨，每跨 13m。

2. 资料表

路线纵断面图的资料表是与图样上下对应布置的，这种表示方法较好地反映出纵向设计线在各桩号处的高程、填挖方量、地质条件和坡度以及平曲线与竖曲线的配合关系。资料表主要包括以下栏目和内容。

（1）地质概况　根据实测资料，在该栏中标注沿线各段的地质情况。

（2）高程　资料表中有设计高程和地面高程两栏，它们应与图样互相对应，分别表示设计线和地面线上各点（桩号）处的高程。

（3）填挖高度　设计线在地面线下方时需要挖土，设计线在地面线上方时需要填土，挖或填的高度值应是各点（桩号）处对应的设计高程与地面高程之差的绝对值。

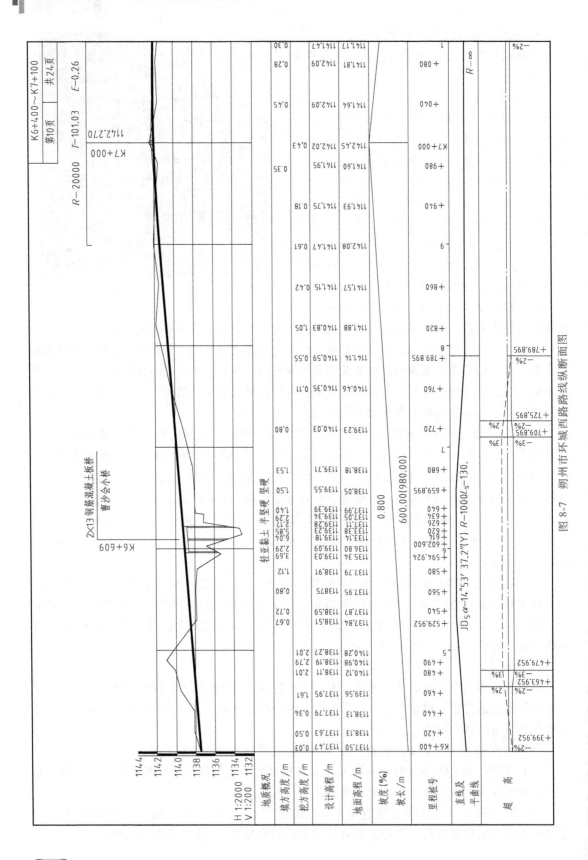

图 8-7　朔州市环城西路路线纵断面图

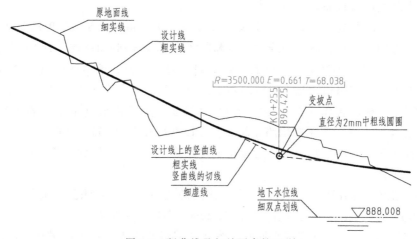

图 8-8　竖曲线及相关要素的画法

表 8-3　道路工程常用结构物图例 (纵断面图)

序号	名称	图例	序号	名称	图例
1	箱涵		5	桥梁	
2	盖板涵		6	箱型通道	
3	拱涵		7	管涵	
4	分离式立交 a) 主线上跨 b) 主线下穿	a)　　b)	8	互通式立交 a) 主线上跨 b) 主线下穿	a)　　b)

　　(4) 坡度及坡长　标注设计线各段的纵向坡度和水平长度。该栏中的对角线表示坡度方向，左下至右上表示上坡，左上至右下表示下坡，坡度及坡长分注在对角线的上下两侧。如图 8-7 所示，该栏中第一格的标注 "0.80%/600.00(980.00)"，表示从 K6+400 至 K7+000 坡段设计纵坡为 0.80%，设计长度为 600 m，括号中的数字 980 表示这段路总长度 (两变坡点之间的道路长度) 为 980m，此段路线是上坡。

　　(5) 里程桩号　沿线各点的桩号是按测量的里程数值填入的，单位为 m，桩号从左向右排列。在平曲线的起点、中点、终点和桥涵中心点等处可设置加桩。

　　(6) 直线及平曲线　在路线设计中竖曲线与平曲线的配合关系，直接影响着汽车行驶的安全性和舒适性，以及道路的排水状况，故《公路路线设计规范》(JTG D20—2017) 对路线的平纵配合提出了严格的要求。由于道路路线平面图与纵断面图是分别表示的，所以在纵断面图的资料表中，以简约的方式表示出平纵配合关系。在该栏中，以 "‾‾‾" 表示直线段；以 "◿‾‾◺" 和 "◸___◹" 或 "◿‾‾‾◺" 和 "◸___◹" 四种图样表示平曲线段，其中前两种表示设置缓和曲线的情况，后两种表示不设缓和曲线的情况，图样的凹凸表示曲线的转向，上凸表示右转曲线，下凹表示左转曲线。

从图 8-7 中可以看到该道路的水平设计线在桩号 K6+400 至 K6+789.895 段是平曲线，并沿路线前进方向向右转，该平曲线设有缓和曲线；在 K6+789.895 至 K7+100 段是直线。

（7）超高　为了减小汽车在弯道上行驶时的横向作用力，道路在平曲线处需设计成外侧高内侧低的形式，道路边缘与设计线的高程差称为超高，如图 8-9 所示。在图 8-7 的该栏中，居中且贯穿全栏的直线（点划线）表示设计高程，上侧折线（虚线）表示右幅路面超高，下侧折线（细实线）表示右幅路面超高。可以看出在 K6+400 至 K6+789.895 段，道路左幅路面超高为正值，左幅路面道路边缘高于设计线；道路右幅路面超高为负值，右幅路面道路边缘低于设计线。

图 8-7 的超高用百分数表示，如 2% 表示该处的超高为路基边缘到中央分隔带边缘宽度的 2%，如道路边缘到中央分隔带边缘宽度为 20m，那超高为 0.4m。

读者可参照图 8-2 所示的路线平面图及图 8-12 所示的路基横断面图进行分析。

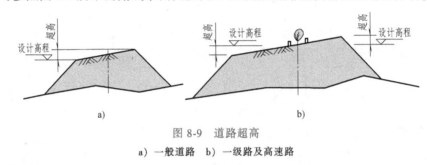

a)　　　　　　　　　　　　　b)

图 8-9　道路超高

a) 一般道路　b) 一级路及高速路

纵断面图的标题栏绘在图纸的右下角，注明路线名称、纵、横比例等。图纸右上角应有角标，注明图纸序号及总张数。

8.1.3　公路路基横断面图

路基横断面图是用假想的剖切平面，垂直于路中心线剖切而得到的，其作用是表达路线各中心桩处路基横断面的形状和横向地面高低起伏状况。

工程上要求，在路线的每一中心桩处，应根据实测资料和设计要求，画出一系列的路基横断面图，用以计算公路的土石方量和作为路基施工的依据，路基横断面图要素及其画法如图 8-10 所示。

路基横断面图的基本形式有以下三种：

（1）填方路基（路堤）　整个路基全为填方区。如图 8-11a 所示，填土高度等于设计标高减去地面标高。填方边坡一般为 1:1.5。图下注有该断面的里程桩号、中心线处的填方高度 H_t（m）以及该断面的填方面积 A_t（m²）。

（2）挖方路基（路堑）　整个路基全为挖方区。如图 8-11b 所示，挖土深度等于地面标高减去设计标高，挖方边坡一般为 1:1（该图为 1:0.75）。图下注有该断面的里程桩号、中心线处挖方高度 H_w（m）以及该断面的挖方面积 A_w（m²）。

（3）半填半挖路基　路基断面一部分为填方区，一部分为挖方区，是前两种路基的综合。如图 8-11c 所示，在图下注有该断面的里程桩号、中心线处的填（或挖）方高度 H_t（或 H_w）以及该断面的填方面积 A_t 和挖方面积 A_w。

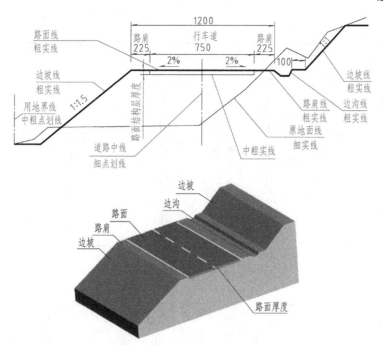

图 8-10 路基横断面图要素及其画法

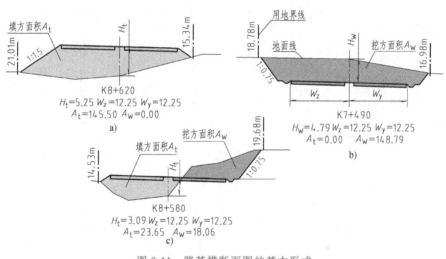

K8+620
$H_t=5.25$ $W_z=12.25$ $W_y=12.25$
$A_t=145.50$ $A_w=0.00$
a)

K7+490
$H_W=4.79$ $W_z=12.25$ $W_y=12.25$
$A_t=0.00$ $A_w=148.79$
b)

K8+580
$H_t=3.09$ $W_z=12.25$ $W_y=12.25$
$A_t=23.65$ $A_w=18.06$
c)

图 8-11 路基横断面图的基本形式
a) 路堤 b) 路堑 c) 半填半挖

在同一张图纸内绘制的路基横断面图，应按里程桩号顺序排列，从图纸的左下方开始，先由下而上，再自左向右排列，如图 8-12 所示。

实例分析

图 8-12 所示为山西省朔州市环城西路 K6+400 至 K7+100 段的路基横断面图，它是与图 8-2 所示的路线平面图和图 8-7 所示的路线纵断面图相对应的，由于图幅的限制只引用了 K6+400 至 K6+594.924 段的断面图。请读者将三个图对照起来分析，以加深对道路路线工程图的理解。

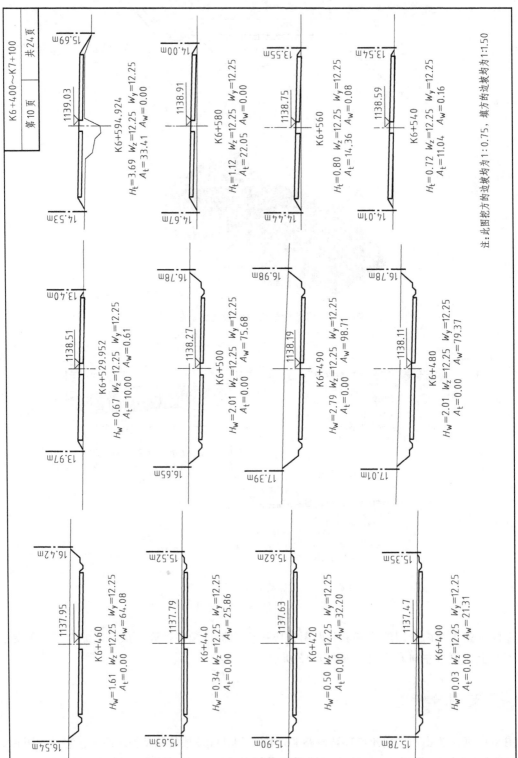

图 8-12　朔州市环城西路路基断面图

8.2　城市道路工程图

城市道路简介

　　城市道路一般由机动车道、非机动车道、人行道、绿化带、分隔带、交叉口和交通广场以及各种设施组成。在交通高度发达的现代化城市，还建有架空高速道路以及地下道路等。

　　城市道路的线型设计结果也是通过平面图、纵断面图和横断面图来表达的。它们的图示方法与公路路线工程图完全相同，但由于城市道路的设计是在城市规划与交通规划的基础上实施的，交通性质和组成部分比较复杂，尤其是行人和各种非机动车较多，各种交通工具和行人的交通问题都需要在横断面设计中综合考虑予以解决，所以横断面设计是矛盾的主要方面，一般都放在平面和纵断面设计之前进行。

8.2.1　城市道路横断面图

　　1. 城市道路横断面布置类型

　　城市道路的横断面就是垂直于道路中心线方向的断面。城市道路的横断面由车行道、人行道、分隔带及绿化带等组成。

　　根据机动车道和非机动车道的不同的布置形式，城市道路横断面的布置有以下四种基本形式。

　　（1）单幅路　俗称"一块板"断面。各种车辆在行车道上混合行驶。

　　（2）双幅路　俗称"两块板"断面。在行车道中心用分隔带或分隔墩将行车道分为两部分，上、下行车辆分向行驶，但同向交通仍在一起混合行驶。

　　（3）三幅路　俗称"三块板"断面。中间为双向行驶的机动车车道，两侧为方向彼此相反的单向行驶的非机动车车道。机动车和非机动车车道之间用分隔带或分隔墩分隔。

　　（4）四幅路　俗称"四块板"断面。在三幅路的基础上，再用中间分隔带将中间机动车车道分隔开，使机动车也分向行驶。

　　上述四种横断面布置形式如图 8-13 所示。

　　2. 城市道路横断面图及其识读

　　城市道路横断面图分为标准横断面图和路基横断面图。

　　（1）标准横断面图

　　在道路设计中，表示各路段的代表性设计横断面图称为标准横断面图。它是城市道路横断面设计的最后成果。在标准横断面图中，应绘出行车道、人行道、绿化带、照明设施、新建或改建的地下管道、规划红线宽度等各组成部分的位置和宽度，以及排水方向、路拱横坡等。标准横断面图可采用 1∶100 或 1∶200 的比例。

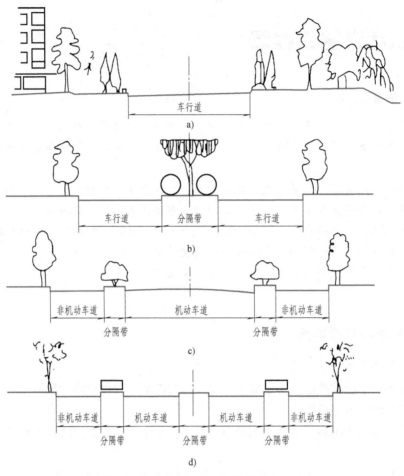

图 8-13　城市道路横断面布置基本形式

a) 单幅路　b) 双幅路　c) 三幅路　d) 四幅路

实例分析

如图 8-14 所示为太原市大同路横断面施工图，由标准横断面图、路面结构及路缘石安装大样图组成。

标准横断面图在垂直和水平方向上采用了不同比例，水平方向为 1∶200，垂直方向为 1∶50。由标准横断面图可知，该道路为"三块板"断面，路幅宽为 50.0m，两侧机动车道宽度各为 14.5m，横坡为 2%；人行道宽为 3m，横坡为 1%；非机动车道宽度为 4.5m。两侧非机动车行道与机动车行道之间的隔离带宽度为 3m。图中给出了横断面上各特征点相对于道路中心线处的高度。

路面结构及路缘石安装大样图详细地表达了机动车行道、非机动车行道、人行道的路面结构情况及路缘石（平石、侧石）的安装情况。机动车行道路面结构的面层由上而下分别是细粒式 SBS 改性沥青混凝土，厚度为 4cm；中粒式沥青混凝土，厚度为 7cm；粗粒式沥青混凝土，厚度为 8cm；在面层和基层之间是 1cm 的下封层（粘结层）。基层为水泥稳定碎石

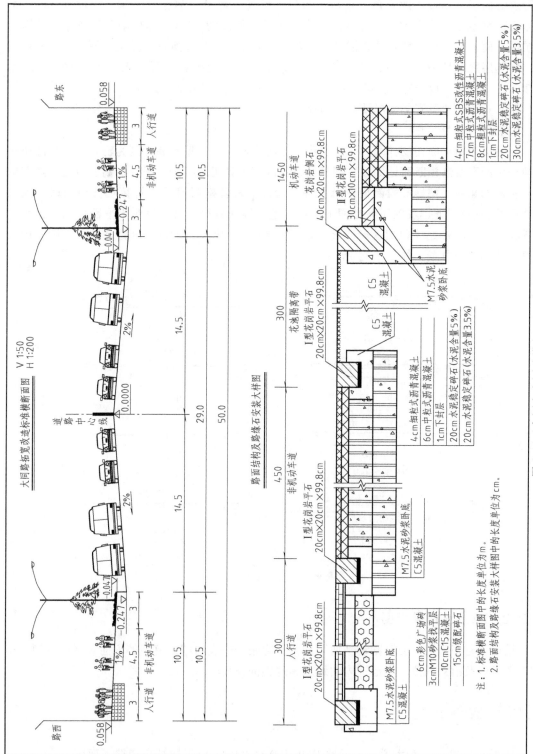

图 8-14　太原市大同路横断面施工图

（水泥含量5%），厚度为20cm；底基层为水泥稳定碎石（水泥含量3.5%），厚度为30cm。人行道的面层是6cm厚的彩色广场砖；彩色广场砖下是M10砂浆找平层，厚度为3cm；基层为C15混凝土，厚度为10cm；垫层为级配碎石，厚度为15cm。非机动车行道路面结构的面层由上而下分别是细粒式沥青混凝土，厚度为4cm；中粒式沥青混凝土，厚度为6cm；在面层和基层之间是1cm的下封层（粘结层）。基层为水泥稳定碎石（水泥含量5%），厚度为20cm；底基层为水泥稳定碎石（水泥含量3.5%），厚度为20cm。

路缘石的尺寸及安装情况请读者自己分析。

（2）路基横断面图

在完成道路纵断面设计之后，道路中线上各中心桩处的填挖高度则为已知。**沿道路中线每隔一定距离绘制横断面地面线，根据道路纵断面设计里程桩号、设计标高，以与横断面地面线相同的比例，把标准横断面图套上去，就形成路基横断面图（计算填方面积时不应包括路面结构层）。**此图反映了各断面上的填、挖和拆迁界线，所以也叫土方断面图。工程上要求在每一中心桩处（包括地形变化显著处的加桩），顺次画出每一个路基横断面图，用来计算道路的土石方量，如图8-15所示。

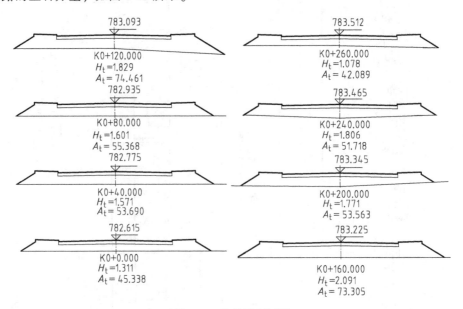

图 8-15　路基横断面图

8.2.2　城市道路平面图

城市道路平面图与公路路线平面图相似，它是用来表示城市道路的方向、平面线型和车行道布置以及沿路两侧一定范围内的地形和地物的情况。

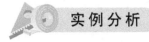　**实例分析**

如图8-16所示，为太原市大同路K10+100至K10+320段的城市道路平面图。城市道路平面图的内容可分为道路和地形、地物两部分。

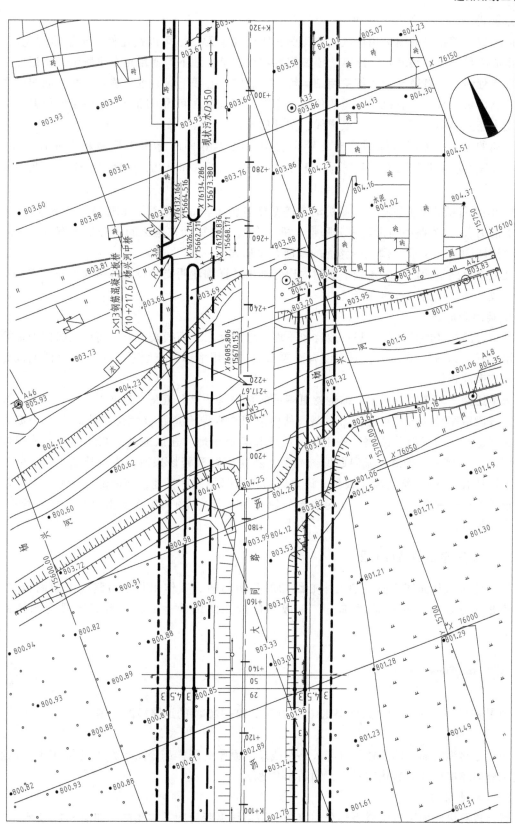

图 8-16　太原市大同路道路平面图

1. 道路

由于城市道路平面图采用比较大的比例，所以在平面图上可以按比例画出道路的宽度。**道路中心线用细点划线表示，路基边缘线用粗实线表示，地下管道用粗虚线表示，规划红线用粗双点划线，原有道路边线等采用细实线。**在道路中心线上标有里程桩号。在平面图中按比例绘制出机动车道、非机动车道的位置、宽度及各车道之间的分隔带、路缘带的位置、宽度。图中还应绘制人行道、人行横道线，交通岛等。

道路的走向，可用坐标网或指北针来确定。图 8-16 同时标有坐标网和指北针表示，"⊕" 符号表示指北针，箭头所指为正北方向，从指北针方向可知，大同路的走向为北偏东方向。

图 8-16 所示的平面图中，两侧机动车道宽度各为 14.5m，非机动车道宽度为 4.5m，人行道宽度为 3m，道路中间没设置分隔带。机动车道与非机动车道之间的分隔带宽度为 3m，所以该道路为"三块板"即三幅路面的断面布置形式。

在城市道路平面图中应该按平面图的比例画出并详细注明交叉口处各路的去向、交叉角度、曲线元素以及路缘石转弯半径。

2. 地形和地物

城市道路所在的地区的地势一般比较平坦。地形除用等高线表示外，还用大量的地形测点表示高程。如图 8-16 所示，图中没有画等高线，只用地形测点表示，可以看出该地区北部较高，南部较低。

城市道路平面图中地形面上的地物更多见的是房屋、原有道路、地下管道等。如图 8-16 所示，该段道路是郊区扩建的城市道路，从中可以看到原有道路（用细实线表示）为沥青路。新建道路占用了沿路两侧一些工厂、民房和其他用地。在该地区的东北部是一片民宅（砖瓦房）。中部有一条由东流向西的杨兴河，新建道路横跨杨兴河。为跨越杨兴河，新建道路上设计有 5×13 钢筋混凝土板桥。该地区的东南部是一片旱地，西南部是一片树林。沿路线前进方向的左侧，有一条现状污水管（原有污水管）。图中还表示出控制点如导线点、图根点的位置。

8.2.3 城市道路纵断面图

城市道路纵断面图也是沿道路中心线的展开断面图。其作用与公路路线纵断面相同，内容也是包括图样和资料表两部分，一般图样画在图纸的上部，资料表布置在图纸的下部。

实例分析

如图 8-17 所示为太原市大同路 K10+100 至 K10+320 段的道路纵断面图。

1. 图样部分

城市道路纵断面图的图样部分与公路路线纵断面图的图样部分图示方法完全相同。如绘图比例竖向较横向放大数倍表示等，如图 8-17 所示。

2. 资料表部分

城市道路纵断面图的资料表部分内容与公路路线纵断面图基本相同，如图 8-17 所示。

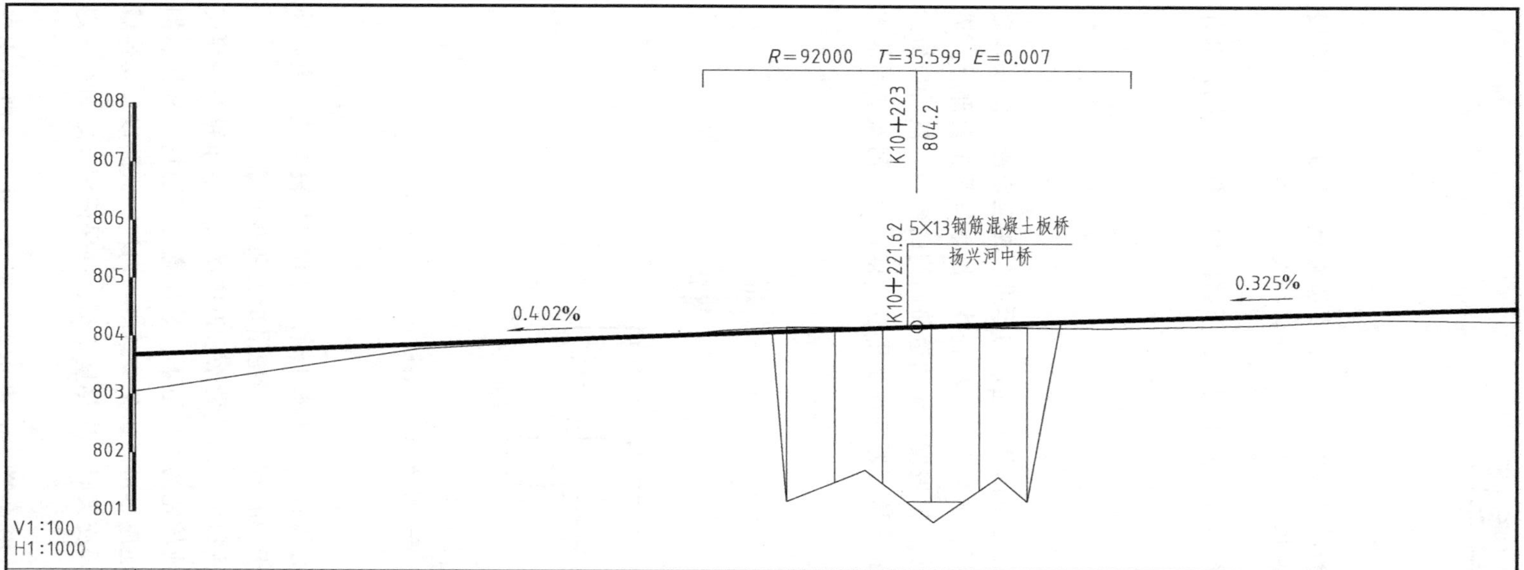

图中标注：

V1:100 H1:1000

R=92000 T=35.599 E=0.007
K10+223 804.2

0.325%

0.402%

5×13钢筋混凝土板桥
扬兴河中桥
K10+221.62

桩号	设计高程/m	地面高程/m	路中填挖高/m
K10+100	803.705	803.154	0.551
+120	803.786	803.474	0.312
+140	803.866	803.79	0.076
+160	803.947	803.908	0.039
+180	804.027	804.008	0.019
+190.900	804.071	804.128	−0.057
+200	804.107	804.178	−0.071
+210	804.145	804.183	−0.038
+220	804.182	804.188	−0.006
+230	804.218	804.183	0.035
+240	804.253	804.178	0.075
+253	804.297	804.168	0.129
+255.191	804.305	804.168	0.136
+280	804.385	804.224	0.161
+300	804.45	804.324	0.126
+320	804.515	804.304	0.211

坡度(%) 坡长/m：
0.4024 123(373)
0.325 097(177)

标高：801 802 803 804 805 806 807 808

平曲线

图 8-17　太原市大同路道路纵断面图

135

8.3 城市道路排水系统工程图

城市道路排水系统

城市道路排水系统分为污水排除系统和雨水排除系统。其中汇集和处理生活污水或工业废水的系统称为污水排除系统；汇集和排泄雨水的系统称为雨水排除系统。

雨水排除系统和污水排除系统工程图的图示方法基本相同，下面以雨水排除系统为例分析城市道路排水系统工程图。

8.3.1 城市道路雨水排除系统

1. 城市道路雨水排除系统的组成

城区道路一般采用管道排水，即利用设在地下的相互连通的管道及相应设施，汇集和排除道路的地表水，包括街沟、雨水口、连接管、雨水干管、检查井、出水口等主要部分。道路上及其相邻地区的地面水依靠道路设计的纵、横坡度，流向道路两侧的街沟，然后顺街沟的纵坡流入沿街沟设置的雨水口，再由地下的连接管通到雨水干管，排入附近河流或其他水体中去，如图 8-18 所示。

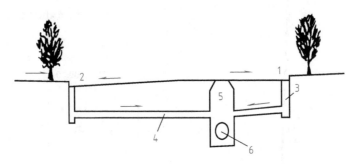

图 8-18 暗式排水示意图

1—街沟 2—进水孔 3—雨水口 4—连接管 5—检查井 6—雨水干管

2. 雨水管道的布置

城市道路的雨水管道应平行于道路的中心线布置。雨水干管一般宜尽量设在快车道以外的慢车道或人行道一侧，当道路红线宽度大于 60m 时，可考虑沿街道两侧布置。

由于雨水管道施工及检修对道路交通干扰很大，因此雨水管道应尽可能不布置在主要交通干道的车行道下，而宜直接埋设在绿化带或较宽的人行道下，并注意与行道树、杆柱、侧石等保持一定的横向距离。此外，雨水管道还应尽可能避免或减少与河流、铁路以及其他城市地下管线的交叉，以免造成施工困难；必须交叉时，应尽量正交，并保证相互之间有一定的间距。

管道纵坡尽可能与街道纵坡取得一致。雨水管道的最小纵坡不得太小，一般不小于0.3%。雨水管道的最大纵坡也要加以控制，通常道路纵坡大于 4% 时，为了不使雨水管道的纵坡过大，需分段设置跌水井。

3. 雨水口

雨水口是在雨水管道或合流管道上汇集地表水的构筑物，由进水箅、井身及连接管（排水管）组成，如图 8-19 所示。根据进水箅布置的不同，雨水口可分为平箅式、立式和联合式三种，图 8-19 为平箅式雨水口示意图。

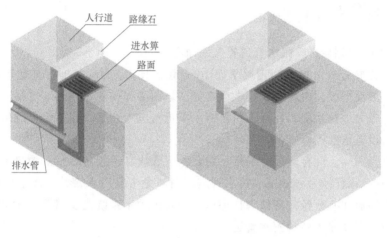

图 8-19　平箅式雨水口示意图

4. 检查井（窨井）

为了对地下管道进行检查和疏通，管道系统上必须设置检查井，同时检查井还起连接不同方向和不同高度沟管的作用，图 8-20 为检查井立体示意图。相邻两个检查井之间的管道应在同一高度上，以便于检查和疏通操作。检查井一般设置在管道容易沉积污物以及经常需要检查的地方，如管道改变断面处和交汇处，以及直线管段上每隔一定距离，都应布设检查井。

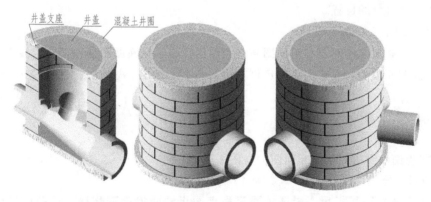

图 8-20　检查井立体示意图

8.3.2　排水系统施工图

排水系统施工图通常包括施工平面图、施工纵断面图。

1. 排水系统施工平面图

城市道路排水系统施工平面图是在城市道路平面图的基础上画出排水管线及其构造物的布置情况。在城市道路排水系统施工平面图中为突出管线的布置情况，路基边缘线可用细实线表示，图中原有管线应采用细实线表示，设计管线应采用粗实线表示，规划管线应采用虚线表示。

实例分析

如图 8-21 所示为某路段雨水管道施工平面图。

（1）地形地物部分（同城市道路平面图）　该图比例为 1∶5000，其地形由散点高程反映出该路段的坡度平缓，由西向东呈微倾之势，地面高程在 4.2~4.4m 之间。

路西北有较大绿化地块，靠近人行道有一条低压电力线路，路南沿分隔带也有一条低压线路，西路口设有水准点标志。

道路全宽为 30m，设有两条分隔带。路北地下管线有一条 φ150mm 的自来水管，埋设深度为 0.5m；有一条管径为 φ380mm 污水管道。消防龙头及污水窨井，图上已标明它们所在位置。沿道路两侧建有数幢住房的为住宅区。街坊内雨水系统由支管汇集输送至路口窨井 4 号甲及 5 号甲，以便接入新建雨水管道。

（2）管道设计部分　拟建雨水管道位于该路段南侧，靠近道路中线距离为 4.5m。管道起点位于西端，桩号为 0+000。

每一管段均标明其管径、长度、坡度。每个窨井均标明其编号、窨井尺寸及深度。如图 8-21 所示，在 0+000 桩号~0+040 桩号段，φ300-40-0.003 表示此段排水管直径为 φ300mm，长为 40m，方向由 0+000 桩号流向 0+040 桩号，坡度为 0.3%，1 号窨井的尺寸为 60cm×60cm×120cm，表示窨井长、宽尺寸为 60cm×60cm，深度为 120cm。

道路两侧的雨水口和街坊的雨水口，用连接管接入雨水干管上的窨井，图 8-21 中用粗实线标明了各连接管的位置。

2. 排水系统施工纵断面图

排水系统的施工纵断面图与平面图须对照使用。施工纵断面图是按实地定线后进行水准测量的资料绘制而成的。通常选用的比例：横向为 1∶1000；纵向为 1∶100 或 1∶50。

实例分析

图 8-22 为雨水管道施工纵断面图，与图 8-21 配套。

（1）图形部分

1）**按比例画出高程标尺，根据地面高程点画出地面坡度变化线**。该图的横向比例为 1∶1000；纵向比例为 1∶100。

2）**各管段间画出的两根平行竖线**（其间距为夸大的窨井尺寸），**表示每座窨井所在位置，由指示线标明各窨井的设计尺寸和接入支管的管径大小**。如图 8-22 中，4 号窨井设计尺寸为 60cm×60cm×152cm，接街坊窨井 4 号甲连管，连管直径为 φ300mm，长度为 20m。

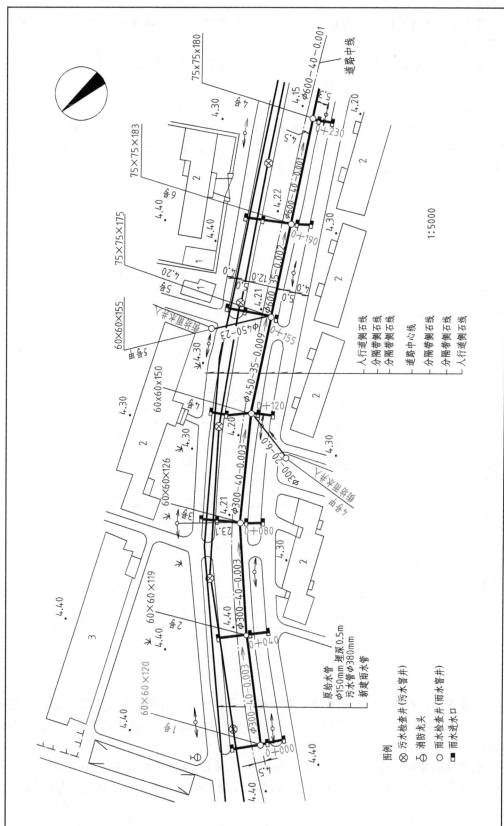

图 8-21 某路段雨水管道施工平面图

3）**根据管底标高按比例画出管道的纵断面，表明管段的衔接情况。**图中管段的衔接，均采用管顶平接。

4）**接入雨水干管的支管，其管径、长度、管底标高均表示在纵断面上。**图 8-22 中的 4 号及 5 号窨井，均有街坊雨水支管接入。

（2）资料部分

1）**窨井编号及转向点、桩号、窨井间距。**该项资料是取自平面图上标出的资料。管道在窨井位置如果改向，应标明转折方向符号，必要时还须注明转折角大小。图中的 2 号、3 号、4 号窨井位置画出的箭头，表明管道均向右转折。

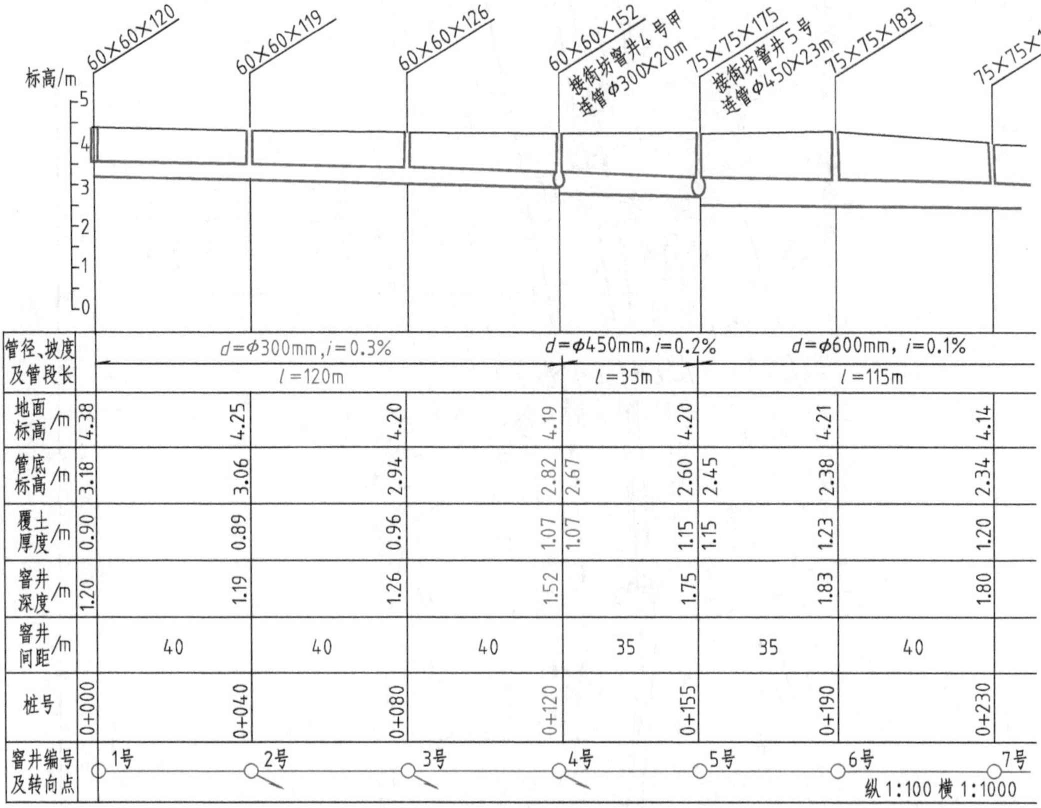

图 8-22　雨水管道纵断面图

2）**窨井深度、各窨井处的管道的管底标高、覆土厚度、地面标高。其中覆土厚度等于地面标高减去管顶标高。**如图 8-22 所示，4 号窨井深度 1.52m，左侧管底标高 2.82m，右侧管底标高 2.67m，地面标高 4.19m，覆土厚度 1.07m。

3）**各管段的管径、设计纵坡及管段长等有关数据均列于纵断面图下的表格中。**如图 8-22 所示中，桩号 0+000 到 0+120 的管段管径为 ϕ300mm，设计纵坡坡度 i 为 0.3%，管段长为 120m。

8.4 路基防护工程图

路基防护工程简介

路基防护工程是防治路基病害、保证路基稳定、改善环境景观、保护生态平衡的重要设施。其类型可分为以下两种：

1. 边坡坡面防护

坡面防护，主要是保护路基边坡表面，免受雨水冲刷，减缓温差及温度变化的影响，防止和延缓软弱岩土表面的风化、碎裂、剥蚀演变进程，从而保护路基边坡的整体稳定性。此外，坡面防护工程在一定程度上还可美化路容，协调自然环境。

(1) 植物防护　种草、铺草皮、植树。

(2) 工程防护　喷护、挂网喷护、护坡（干砌片石护坡、浆砌片石护坡、浆砌预制块护坡）、护面墙等。

(3) 骨架植物防护

2. 沿河河堤河岸冲刷防护

(1) 直接防护　植物、砌石、石笼、挡土墙等。

(2) 间接防护　丁坝、顺坝等导流构造物以及改变河道、营造护林带。

路基防护工程图主要由立面图、侧面图（断面图）来表达。

8.4.1 边坡坡面防护设计图例之一（浆砌片石护面墙）

浆砌片石护面墙适用于土质和易风化剥落的岩石边坡，坡度不陡于 1∶0.5。实体护面墙分为等截面和变截面两种形式。等截面墙厚度为 50cm；变截面墙的顶面厚 40cm，底面厚视墙高而定。等截面墙高不宜超过 6m。变截面护面墙，单级高度不宜超过 10m，超过时宜设平台，分级砌筑。

图 8-23a 为浆砌片石护面墙设计图，图 8-23b 为其立体示意图。设计图由立面图、Ⅰ—Ⅰ断面图、A 部大样图、工程数量表及注释来表示。综合立面图、Ⅰ—Ⅰ断面图及注释，可见该护面墙为路堑边坡防护。护面墙采用 M7.5 水泥砂浆砌 MU35 片石，并用 M10 砂浆勾缝。每 10m 设一道沉降缝，缝宽 2cm，用沥青麻筋填塞，填深 15cm。在护面墙上均匀设置泄水孔，从立面图上可见泄水孔的分布情况及定位尺寸。从注释中可知泄水孔尺寸为 10cm×10cm，泄水孔后周围用碎石作为反滤层，并在反滤层下方设防渗土工布，反滤层及防渗土工布的分布情况见 Ⅰ—Ⅰ断面图和 A 部大样图。从 Ⅰ—Ⅰ断面图中可见该护面墙坡度为 1∶0.5。

*8.4.2 边坡坡面防护设计图例之二（框架锚杆边坡设计图）

图 8-24a 为岩石框架锚杆边坡设计图，图 8-24b 为其立体示意图。由立面图、Ⅰ—Ⅰ断面图、工程数量表及注释来表示。它是几种防护的组合。Ⅰ—Ⅰ断面图上用虚线及名称表示

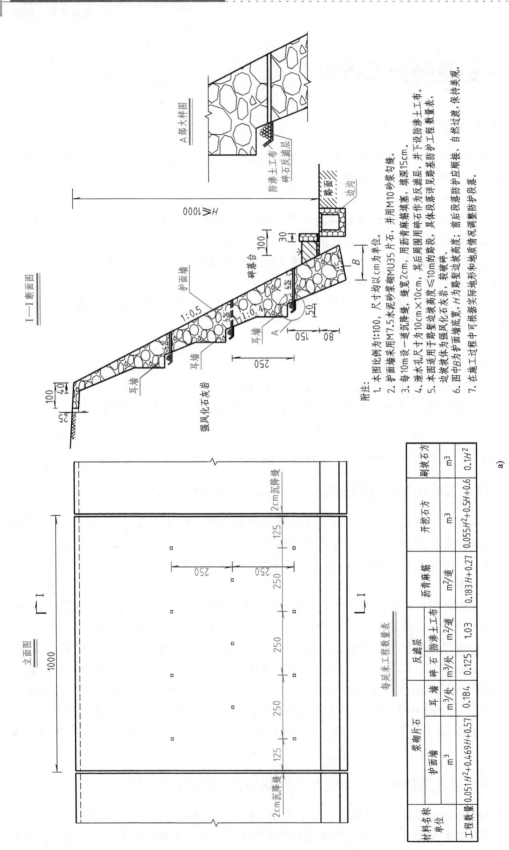

图 8-23　浆砌片石护面墙设计图及其立体示意图

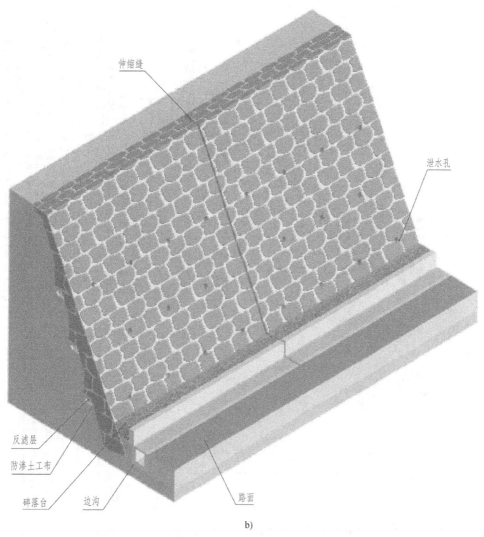

伸缩缝

泄水孔

反滤层

防渗土工布

碎落台   边沟

路面

b)

图 8-23   浆砌片石护面墙设计图及其立体示意图（续）

出了各地质层的情况，由下而上有砂岩、泥岩、黄土层。综合立面图、Ⅰ—Ⅰ断面图及注释
可见，第一级边坡采用浆砌片石挡土墙防护；其上砂岩与泥岩互层各级边坡采用锚杆框架防
护，每 800cm 高度设置一级锚杆框架防护，需要设置多少级锚杆框架防护，要根据砂岩与
泥岩互层的高度而定；上部的黄土层边坡采用植草防护。

    由Ⅰ—Ⅰ断面图上可看到浆砌片石挡土墙防护的断面形状，挡土墙采用 M7.5 水泥砂浆
砌 MU30 片石，并用 M10 砂浆勾缝。由立面图和注释可知沿挡土墙长度每 10m 设置 2cm 伸
缩缝一道，并用沥青麻筋填塞 15cm 深。从立面图上可见泄水孔的分布情况及定位尺寸。由
Ⅰ—Ⅰ断面图和注释可知泄水孔尺寸为 10cm×10cm，其后周围用砂砾作为反滤层，反滤层
厚度为 30cm，并在反滤层下设防渗土工布，挡土墙泄水孔采用 10cmPVC 泄水管。

    在第一级浆砌片石挡土墙防护之上的锚杆框架防护，框架是由钢筋混凝土浇筑而成，在框
架节点上设置有锚杆。由立面图可见框架竖梁的水平间距为 350cm，由Ⅰ—Ⅰ断面图可见框架横
梁的法向间距为 350cm。第二级边坡的锚杆长度为 9m，第三级边坡的锚杆长度为 6m。

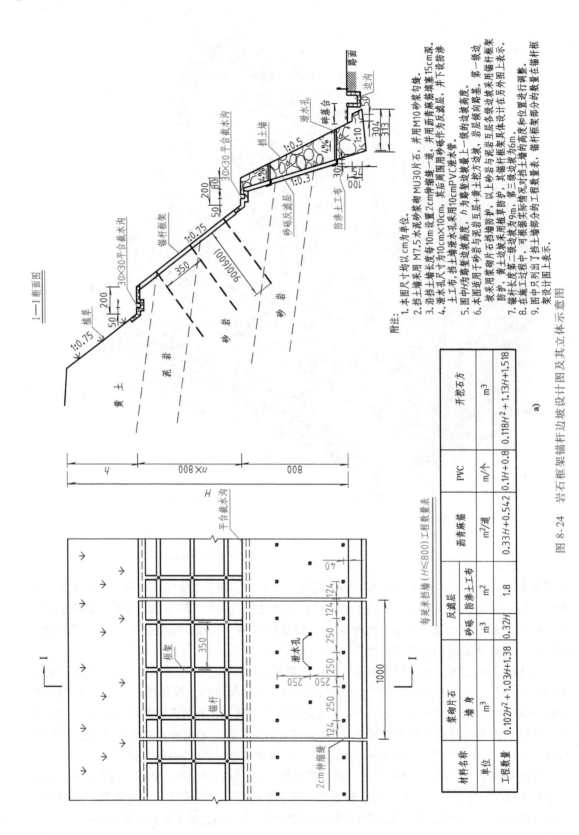

图 8-24　岩石框架锚杆边坡设计图及其立体示意图

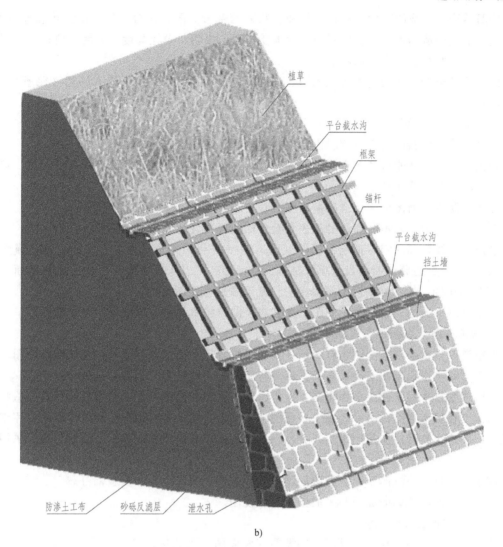

植草

平台截水沟

框架

锚杆

平台截水沟

挡土墙

防渗土工布　砂砾反滤层　泄水孔

b)

图8-24　岩石框架锚杆边坡设计图及其立体示意图（续）

由Ⅰ—Ⅰ断面图可见在两级边坡之间均设置200cm宽的平台，平台上设置30cm×30cm的截水沟。Ⅰ—Ⅰ断面图标出了每级边坡的坡度。锚杆框架具体设计情况在锚杆框架设计图中详细表达，这里就不多分析了。

本 章 小 结

道路路线工程图以地形图为平面图、以纵向展开断面图为立面图、以横断面图为侧面图，并利用这三种工程图，来表达道路的空间位置、线型和尺寸。

1. 公路路线工程图

公路路线平面图的图示内容由地形、路线两部分组成。地形部分包含方位、比例、地形、地物等内容；路线部分包含设计路线、里程桩、平曲线、构造物和控制点等内容。

公路路线纵断面图的内容包括图样和资料表两部分。图样包含比例、设计线和地面线、竖曲线、沿线构造物等内容；资料表包含地质概况、高程、填挖高度、坡度及坡长、里程桩号、直线及平曲线、超高等内容。

公路路基横断面图的基本形式有以下三种：填方路基（路堤）、挖方路基（路堑）、半填半挖路基。

2. 城市道路工程图

城市道路的横断面由车行道、人行道、分隔带及绿化带等组成。

根据机动车道和非机动车道的不同的布置形式，城市道路横断面的布置有**单幅路、双幅路、三幅路、四幅路** 4 种基本形式。

城市道路横断面图分为标准横断面图（设计横断面图）和路基横断面图。

在道路设计中，表示各路段的代表性设计横断面图称为**标准横断面图**。

沿道路中线每隔一定距离绘制横断面地面线（若属旧街道的改建，实际上就是横断面的现状图），根据道路纵断面设计里程桩号、设计标高，以与横断面地面线（或横断面现状图）相同的比例，把标准横断面图套上去，就形成**路基横断面图**。

城市道路平面图、纵断面图的图示内容与公路路线平面图、纵断面图基本相同。

3. 城市道路排水系统工程图

城市道路排水系统施工图主要包括：排水系统施工平面图和排水系统施工纵断面图。

城市道路排水系统施工平面图的图示内容包含地形地物和管道设计两部分。

城市道路排水系统施工平面图是在城市道路平面图的基础上画出排水管线及其构造物的布置情况。在城市道路排水系统施工平面图中为突出管线的布置情况，路基边缘线可用细实线表示，图中原有管线应采用细实线表示，设计管线应采用粗实线表示，规划管线应采用虚线表示。

城市道路排水系统施工纵断面图的图示内容包含：图形部分和资料部分。

排水系统的施工纵断面图与平面图须对照使用。

4. 路基防护工程图识读

路基防护工程图主要由立面图、侧面图（断面图）来表达。

复习思考题

1. 道路路线工程图由哪几部分组成？其作用是什么？
2. 公路路线平面图的图示内容有哪些？
3. 公路路线纵断面图是如何形成的？其比例有何规定？
4. 公路路线纵断面图的图示内容有哪些？
5. 城市道路横断面图的基本形式有哪些？
6. 城市道路横断面图布置的基本形式有哪些？
7. 什么是城市道路标准横断面图和路基横断面图？

第 **9** 章

桥梁工程图

主要内容	能力要求	相关知识
识读桥梁总体布置图	了解桥位平面图、桥位地质断面图、桥梁总体布置图的内容与特点	桥位平面图
		桥位地质断面图
		桥梁总体布置图
识读桥梁构件图	了解桥梁构件图的内容与特点，掌握识读桥梁构件图的方法	桥梁构件结构图的内容与特点
		识读构件钢筋构造图的方法
识读桥跨结构图	掌握钢筋混凝土简支梁的内容与特点，能识读钢筋混凝土简支梁构造图和钢筋构造图	钢筋混凝土空心板一般构造图
		钢筋混凝土空心板钢筋结构图
		*桥面铺装钢筋结构图
识读墩台结构图	掌握墩台结构图的内容与特点，能识读桥墩构造图	桥墩图（桥墩构造图、*桥墩配筋图）
		桥台图（桥台构造图、*桥台配筋图）

桥梁简介

当道路路线在跨越江河湖泊、山谷、低洼地带以及其他路线（公路和铁路）时，需要修筑桥梁以保证车辆的正常行驶和宣泄水流，保证船只的通航和桥下公路或铁路的运行。

1. 桥梁的组成

桥梁主要是由上部结构（主梁或主拱圈和桥面系）、下部构造（桥墩、桥台和基础）及附属构造物（栏杆、灯柱及护岸、导流结构物）等组成。上部结构习惯称为桥跨结构。桥墩和桥台是支承桥跨结构并将荷载通过基础（桥台基础及桥墩基础）传至地基的建筑物，因此称为下部结构。在上部结构与下部结构连接处设置有传力装置支座。在路堤与桥台衔接处，一般还在桥台两侧设置石砌的锥形护坡，以保证迎水部分路堤边坡的稳定，如图9-1所示。

桥梁全长（桥长 L）是桥梁两端两个桥台的侧墙或八字墙后端点之间的距离，对于无桥台的桥梁，桥长为桥面系行车道的全长。

2. 桥梁的分类

按桥梁的受力体系的不同可分为：梁式桥、拱式桥、刚架桥、斜拉桥和悬索桥等，如图9-2所示。

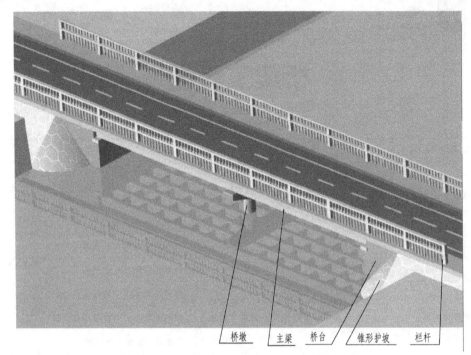

桥墩　主梁　桥台　锥形护坡　栏杆

图 9-1　桥梁示意简图

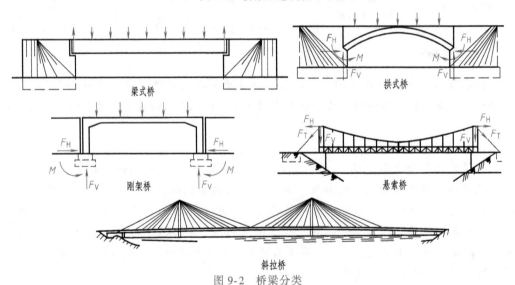

图 9-2　桥梁分类

　　按主要承重结构所用材料的不同可划分为：圬工桥（包括砖、石、混凝土桥）、钢筋混凝土桥、预应力混凝土桥、钢桥和木桥等。

　　按桥梁全长和跨径的不同可分为：特大桥、大桥、中桥和小桥，见表9-1。

　　按跨越障碍性质的不同可分为：跨河桥、跨线桥（立体交叉）、高架桥和栈桥。

　　无论其形式和建筑材料如何，图示方法是相同的。下面结合桥梁专业图的图示特点来阅读和分析桥梁工程图。

表 9-1 　　　　　　　　　　　　　　　　　　　　　　（单位：m）

桥梁分类	多孔桥全长	单孔跨径
特大桥	$L \geqslant 500$	$L \geqslant 100$
大桥	$L \geqslant 100$	$40 \leqslant L < 100$
中桥	$30 \leqslant L < 100$	$20 \leqslant L < 40$
小桥	$8 < L < 30$	$5 \leqslant L < 20$

9.1　识读桥梁总体布置图

　　建造一座桥梁需用的图样很多，但一般可分为桥位平面图、桥位地质纵断面图、桥梁总体布置图、构件图和大样图等几种。

9.1.1　桥位平面图

　　桥位平面图主要是表示桥梁与路线连接的平面位置。通过地形测量绘出桥位处的道路、河流、水准点、钻孔及附近的地形和地物（如房屋、原有桥梁等），以便作为设计桥梁、施工定位的依据。这种图一般采用较小的比例，如 1：500、1：1000、1：2000 等。

　　如图 9-3 所示为某桥的桥位平面图，除了表示路线平面形状、地形和地物外，还表明了钻孔、里程桩、水准点的位置和数据。

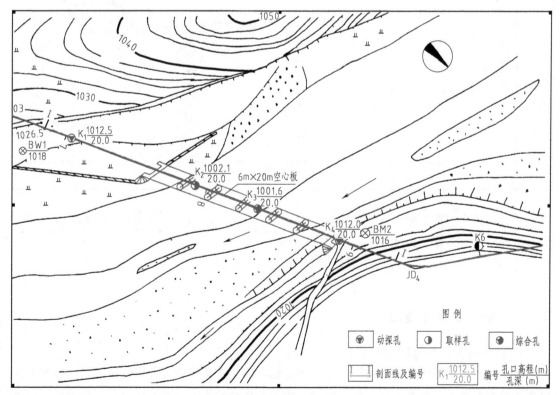

图 9-3　某桥桥位平面图

9.1.2 桥位地质断面图

桥位地质断面图是根据水文调查和地质钻探资料绘制的桥梁所在河床位置的地质断面图。桥位地质断面图标出了河床断面线、各层地质情况、最高水位线、常水位线和最低水位线，以便作为设计桥梁、桥台、桥墩和计算土石方数量的依据；桥位地质断面图中还标出了钻孔的位置、孔口标高、钻孔深度及孔与孔之间的间距。桥梁的地质断面图有时以地质柱状图的形式直接绘在桥梁总体布置图的立面图正下方。某些桥可不绘制桥位地质断面图，但应写出地质情况说明。桥梁地质断面图为了显示地质和河床深度变化情况，特意把地形高度（标高）的比例较水平方向比例放大数倍画出。如图9-4所示，地形高度的垂直比例采用1：200，水平方向比例采用1：500。

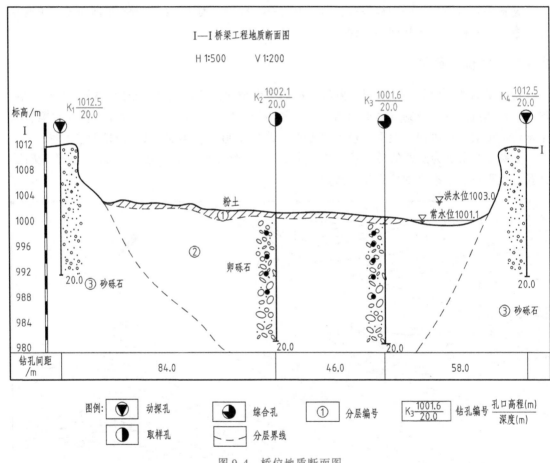

图9-4 桥位地质断面图

9.1.3 桥梁总体布置图

1. 桥梁总体布置图的图示内容

桥梁总体布置图主要由立面图、平面图、侧面图、路基设计表及附注组成。立面图上主要表达桥梁的总长、各跨跨径、纵向坡度、施工放样和安装所必需的桥梁各部分的标高、河床的形状及水位高度。同时，立面图还应反映桥位起始点、终点、桥梁中心线的里程桩号等及立面图方向桥梁各主要构件的相互位置关系。从立面图上可以反映出桥梁的大致特征和桥型。平面图上主要表达桥梁在水平方向的线型、桥墩、桥台的布置情况及车行道、人行道、栏杆等位置。侧面图（横断面图）主要表达桥面宽度、桥跨结构横断面布置及横坡设置情况。路基设计表中应列出桥台、桥墩的桩号及各桩号处的设计高程、各测点的地面高程及各跨的纵坡。

2. 桥梁总体布置图的图示特点

1）由于桥梁左右对称，立面图一般采用半剖面图的形式表示，剖切平面通过桥梁中心线沿纵向剖切。当桥梁结构较简单时也可采用单纯的正面投影图来表示。由于桥台、桥墩基桩一般埋置较深，为了节省图幅经常采用折断画法。

2）平面图可采用半剖图或分段揭层的画法来表示，半剖图是指左半部分为水平投影图，右半部分为剖面图（假想将上部结构揭去后的桥墩、桥台的投影图）。分段揭层的画法是指在不同的墩台处假想揭去不同高度以上部分的结构后画出投影的方法。当桥梁结构较简单时也可采用单纯的水平投影图来表示。

3）侧面图根据需要可画出一个或几个不同断面图。如受到图纸幅面限制，在工程图中侧面图也可采用两个不同位置的断面图各画一半合并而成。为了表达清楚桥梁断面形状与尺寸，侧面图可以采用比平面图和立面图大的比例。在路桥专业图中，画断面图时，为了图面清晰、突出重点，只画剖切平面后离剖切平面较近的可见部分。

4）根据道路工程制图国家标准规定，可将土体看成透明体，所以埋入土中的基础部分都认为是可见的，可画成实线。

3. 识读桥梁总体布置图

如图 9-5 所示为空心板简支梁桥的立体图，图 9-6 为该桥梁总体布置图。该桥中心位于 K38+390.00 处，是四孔钢筋混凝土空心板梁桥，总长度为 45.00m，总宽度为 12.00m。

从立面图上可以看出该桥起点的桩号为 K38+367.50，终点桩号为 K38+412.50，桥跨中心位于 K38+390.00 桩号处。全桥共四跨，四孔跨径均为 10m，全长为 45m（从耳墙的后边缘算起）。立面图上标注出桥梁中心线上桩基础底面、顶面、立柱顶面各部分的标高。根据图中桥梁各部分的标高可以知道立柱的高度及混凝土钻孔桩的埋置深度等，由于桩埋置较深，为了节省图幅采用了折断画法。

立面图中还反映出两边桥台为带耳墙的柱式桥台，由立柱和柱下的钻孔灌注桩基础组成。河床中间有 3 个柱式桥墩，它由立柱、系梁和钻孔灌注桩基础共同组成。将土体看成透明体，所以埋入土中的桩基础部分画成实线。

平面图采用了分段揭层的画法。2 号桥墩中心线左侧为投影图，从中可以看到锥形护坡以及桥面的布置情况；2 号桥墩中心线右侧是假想揭去桥梁上部结构后画出的，从中可以看到桥墩盖梁和支座的布置情况；3 号桥墩处是假想揭去盖梁以上的部分后画出的，从中可以看到立柱、桩基础的分布情况及立柱、桩基础与系梁的关系；右侧桥台处是假想揭去桥梁上部结构后得到的，从中可以看到桥台盖梁、支座、耳墙、桥台立柱、桩柱的布置情况。

侧面图用Ⅰ—Ⅰ和Ⅱ—Ⅱ两个断面图来表达。为了更清楚地表达断面形状，该图采用 1∶50 的比例。Ⅰ—Ⅰ断面是在右边跨处剖开得到的，主要表达该处桥梁的桥跨结构横断面布置情况和桥台（包括盖梁、立柱及桩柱）侧面方向的形状与尺寸；Ⅱ—Ⅱ断面是从左边跨处剖开得到，主要表达该处桥跨结构横断面布置情况和离剖切平面较近的桥墩（包括盖梁、立柱及桩柱）侧面方向的形状与尺寸。从侧面图中可看出，桥面的净宽为 11m，总宽为 12m，由 9 块钢筋混凝土空心板拼接而成，桥面的横向坡度为 2.00%。

在平面图下面与平面图对齐画出路基设计表，路基设计表中列出了桥台、桥墩的桩号及各桩号处的设计高程、各测点的地面高程及各跨的纵坡。从该设计表中可知该桥梁未设纵坡。

空心板简支梁桥立体图
（三维模型）

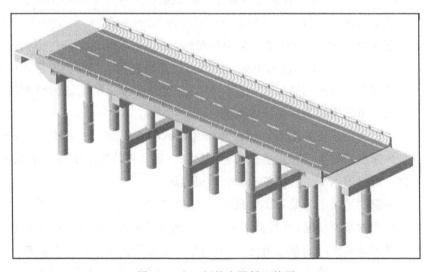

图 9-5 空心板简支梁桥立体图

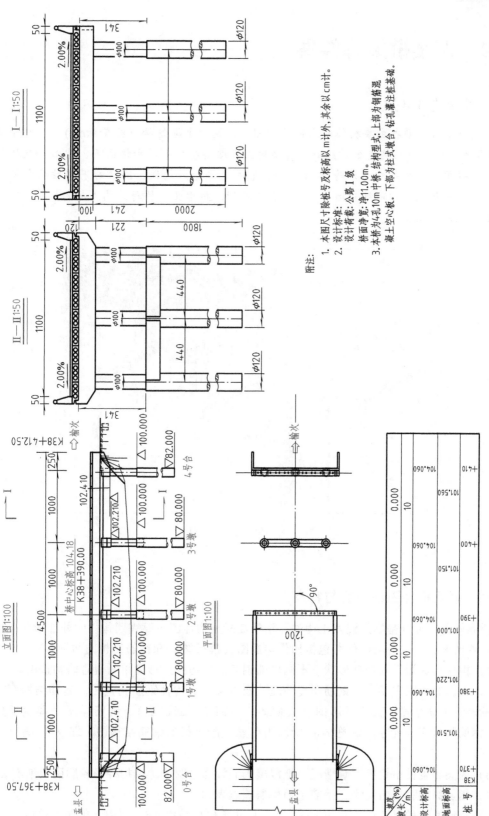

图 9-6 桥梁总体布置图

附注:
1. 本图尺寸除桩号及标高尚以 m 计外,其余以 cm 计。
2. 设计标准:
   设计荷载:公路 I 级
   桥面净宽:净11.00 m。
3. 本桥为4孔10 m 中桥,结构型式:上部为钢筋混凝土空心板。下部为柱式墩合,钻孔灌注桩基础。

桩 号	K38	+370		+380		+390		+400		+410
地面桥高		104.060	101.510	104.060	101.220	104.000	101.150	104.060	101.560	104.060
设计标高										
坡度 坡长/m		0.000 10		0.000 10		0.000 10		0.000 10		0.000

9.2 识读桥梁构件图

桥梁构件认知

图 9-7 为桥梁各主要构件的立体示意图。桥梁由上部结构（桥跨结构）、下部结构（墩台结构）及附属构造物等组成。桥梁的上部结构包括主梁和桥面系，空心板及桥面铺装为桥梁的上部结构，桥跨结构是桥梁中的主要受力构件。桥梁的下部结构包括桥墩、桥台和基础。桥跨结构通过支座支撑在桥墩、桥台上。桥跨结构上部的栏杆、防撞墙是桥梁的附属结构。

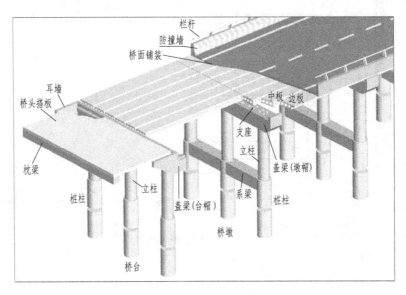

图 9-7 桥梁构件立体图

9.2.1 桥梁构件图的内容与特点

桥梁构件大部分是钢筋混凝土构件，钢筋混凝土构件图主要表明构件的外部形状及内部钢筋布置情况，所以桥梁构件图包括构件构造图（模板图）和钢筋结构图两种。

1）构件构造图只画构件形状、不画内部钢筋。当构件外形简单时可省略构造图。

2）钢筋结构图主要表示钢筋布置情况，通常又称为构件钢筋构造图。钢筋结构图一般应包括表示钢筋布置情况的投影图（立面图、平面图、断面图）、钢筋详图（即钢筋成型图）、钢筋数量表等内容。如图 9-8a 所示为钢筋混凝土板的钢筋结构图，图 9-8b 为其立体示意图。

3）为突出构件中钢筋配置情况，把混凝土假设为透明体，结构外形轮廓画成细实线。

4）钢筋纵向画成粗实线，钢筋断面用黑圆点表示。

5）钢筋直径的尺寸单位采用 mm，其余尺寸单位均采用 cm，图中无须注出单位。

9.2.2　识读钢筋结构图的方法

　　识读钢筋结构图，首先要概括了解它采用了哪些基本的表达方法，各剖面图、断面图的剖切位置和投影方向；然后要根据各投影中给出的细实线的轮廓线确定混凝土构件的外部形状；再分析钢筋详图及钢筋数量表确定钢筋的种类及各种钢筋的直径、等级、数量。根据钢筋的直径、等级和形状等可以大致确定它是主筋、架立钢筋还是箍筋（主筋的直径较大、钢筋等级高，架立钢筋与主筋的分布方向一致，而箍筋的分布方向与主筋的分布方向垂直）。如图 9-8a 所示的①号钢筋为主筋，②号钢筋为架立钢筋，③号和④号钢筋共同组成箍筋。一般可以在断面图中分析主筋和架立钢筋在构件断面中的分布情况，分析箍筋的组成及形状。而在立面图、平面图中分析主筋和架立钢筋的形状，分析箍筋沿构件长度方向的分布情况。各种钢筋的详细尺寸与形状要仔细阅读钢筋详图。读图时注意几个图联系起来读，并仔细阅读图中的工程数量表及相关注释。图 9-8b 为其立体示意图，供帮助理解。

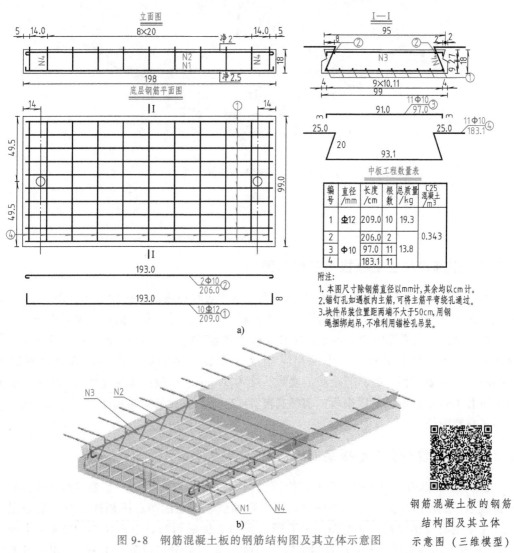

中板工程数量表

编号	直径/mm	长度/cm	根数	总质量/kg	C25混凝土/m³
1	⊈12	209.0	10	19.3	0.343
2		206.0	2		
3	Φ10	97.0	11	13.8	
4		183.1	11		

附注：
1. 本图尺寸除钢筋直径以mm计，其余均以cm计。
2. 锚钉孔如遇板内主筋，可将主筋平弯绕孔通过。
3. 块件吊装位置距两端不大于50cm，用钢绳捆绑起吊，不准利用锚栓孔吊装。

a)

b)

图 9-8　钢筋混凝土板的钢筋结构图及其立体示意图

钢筋混凝土板的钢筋
结构图及其立体
示意图（三维模型）

9.3 识读桥跨结构图

桥梁构件认知

桥跨结构包括主梁和桥面系。常见的钢筋混凝土主梁有钢筋混凝土空心板梁、钢筋混凝土 T 形梁及钢筋混凝土箱梁等，如图 9-9 所示。

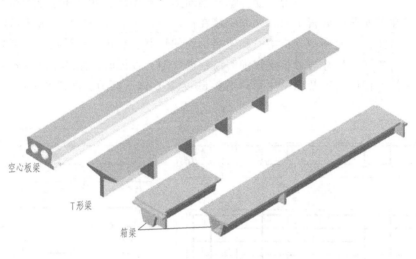

空心板梁

T形梁

箱梁

图 9-9 常见的钢筋混凝土主梁

9.3.1 钢筋混凝土空心板一般构造图

如图 9-10 所示为桥梁上的钢筋混凝土空心板中板和边板的一般构造图，图 9-11 为其空心板立体示意图。构造图主要表达板的外部形状与尺寸，它由半立面图、半平面图、断面图及铰缝钢筋施工大样图组成。由于边板和中板的立面形状区别不大，所以图中只画了中板立面图；又由于板纵向对称，图中采用了半立面图和半平面图。由图可看出该板跨度为1000cm，两端留有接头缝，所示板的实际长度为 996cm。中板的理论宽度为 125cm，板的横向也留有 1cm 的铰缝，所以中板的实际宽度为 124cm。边板的实际宽度为 162cm。断面图中省略了材料图例。

9.3.2 钢筋混凝土空心板钢筋结构图

图 9-12 为钢筋混凝土中板钢筋结构图（彩图 5 为其立体示意图）。在结构图中用细实线及虚线表示其外形轮廓线。该图由立面图、平面图、横断面图、钢筋详图及工程数量表组成。由于空心板比较长，立面图、平面图都采用了折断画法。平面图由 1/2 Ⅰ—Ⅰ 断面和 1/2 Ⅱ—Ⅱ 断面拼接而成，分别表达板的下部与上部钢筋分布情况。Ⅰ—Ⅰ、Ⅱ—Ⅱ 断面图

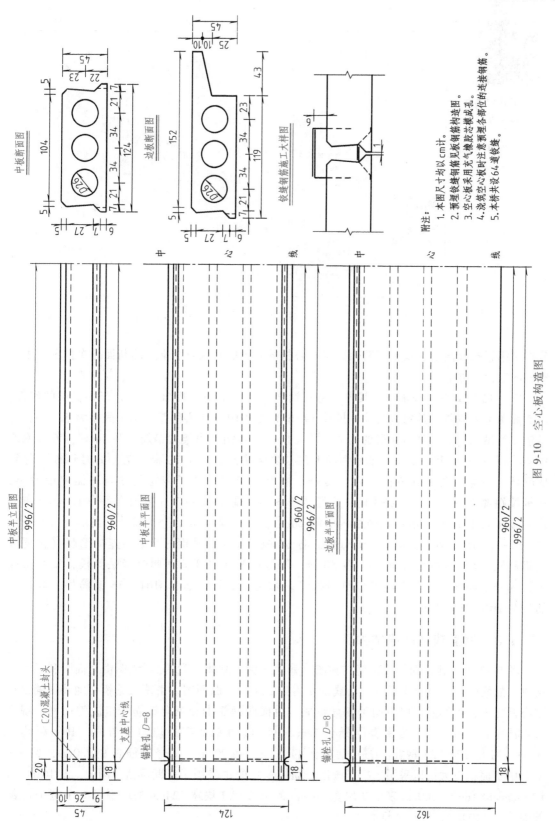

图 9-10 空心板构造图

空心板立体示意图
（三维模型）

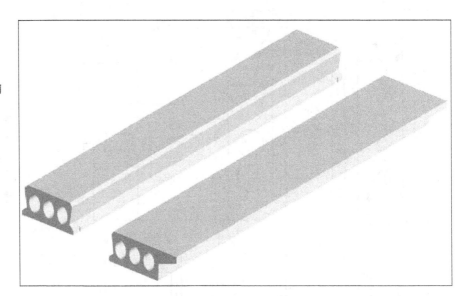

图 9-11　空心板立体示意图

分别采用了折断画法。横断面图表达出空心板的三个圆孔位置、钢筋的断面分布情况及主要钢筋的定位尺寸。

图 9-12 中共有 8 种钢筋。其中，①号钢筋为受拉钢筋，共 20 根，分布在板梁的底部，从断面图上可以看出其定位尺寸，尺寸 19×6.1 表示 19 个中心间距，每个间距为 6.1cm；②号钢筋为吊装钢筋，分布在梁的两端，共 4 根；③号钢筋为架立钢筋，共 14 根；⑥号钢筋每 40cm 设一道，其下端钩在⑧号钢筋上并与之绑扎，全梁共 78 根；⑦、⑧号钢筋一起组成箍筋，在立面图中重叠在一起，其分布情况与定位尺寸可在立面图与平面图中看出，在板梁端部第一道与第二道箍筋的间距为 5cm，其余在 10×10cm 范围内每隔 10cm 分布一道，在板梁中部 39×20cm 的范围内每隔 20cm 分布一道，全梁⑦、⑧号钢筋形成（1+10+39+10+1）61 个间距，即⑦、⑧号钢筋各 62 根；④、⑤号钢筋为横向连接钢筋（预埋铰缝钢筋），分布间隔均为 40cm，各 50 根；④号钢筋伸出部分预制时紧贴侧模，安装时扳出，⑤号钢筋伸出部分在浇筑铰缝时扳平。除①、②号钢筋为 HRB 335 钢筋外，其余钢筋均为 HPB 235 钢筋。

*9.3.3　桥面铺装钢筋结构图

图 9-13 是一孔桥面铺装钢筋结构图（彩图 6 为其立体示意图）。该图由立面图和平面图组成，立面图是沿垂直于桥梁中心线剖切得到的Ⅰ—Ⅰ断面图。由图可见桥面铺装层铺设在空心板之上，桥面铺装层由两种钢筋组成，由横向钢筋①和纵向钢筋②组成钢筋网，现浇 C30 混凝土 8cm，面层为沥青混凝土 7cm。①、②号钢筋都是均匀分布的，其间距均为 10cm，均为 HPB 235 钢筋。①号钢筋长 1195cm，共 99 根，②号钢筋长 992.0cm，共 119 根。由于面积较大所以采用了折断画法，立体示意图也采用了折断画法。图中，2×162cm+7×124cm+8×1cm＝1200cm 表示 2 块宽 162cm 的边板和 7 块宽 124cm 的中板及 8 个宽 1cm 的伸缩缝共 1200cm，即整个桥面宽。

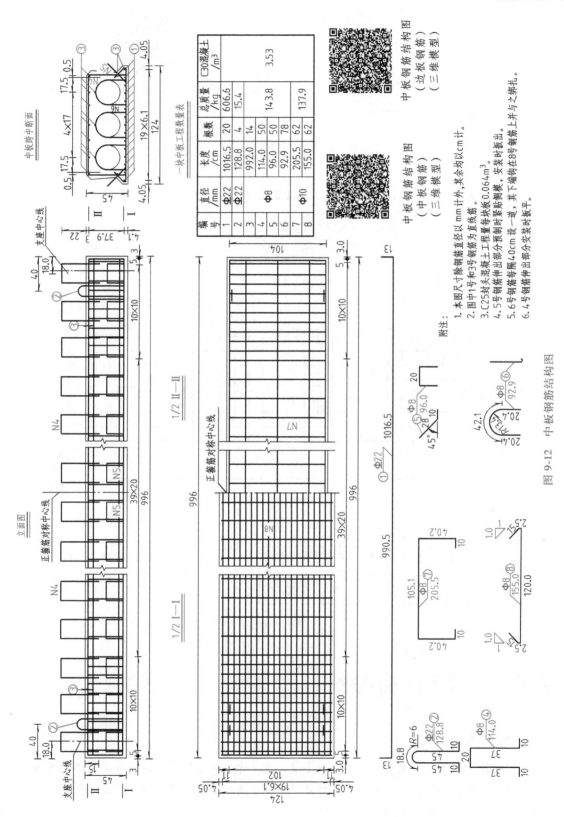

图 9-12 中板钢筋结构图

一块中板工程数量表

编号	直径 /mm	长度 /cm	根数	总质量 /kg	C30混凝土 /m³
1	Φ22	1016.5	20	606.6	3.53
2	Φ22	128.8	4	15.4	
3		992.0	14		
4	Φ8	114.0	50	143.8	
5		96.0	50		
6		92.9	78		
7	Φ10	205.5	62	137.9	
8		155.0	62		

中板钢筋结构图
（边板钢筋）
（三维模型）

中板钢筋结构图
（中板钢筋）
（三维模型）

附注：

1. 本图尺寸除钢筋直径以 mm 计外，其余均以 cm 计。
2. 图中1号和3号钢筋重量每直线筋。
3. C25封支混凝土部分预制重量每块板板，安装时板出。
4. 5号钢筋伸出部分预制时紧贴侧模，安装时板出。
5. 6号钢筋每隔40cm设一道，其下端钩在8号钢筋上并与之绑扎。
6. 4号钢筋伸出部分安装时找平。

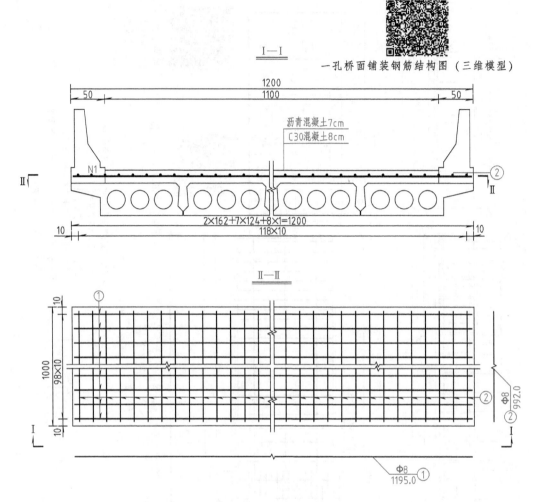

一孔桥面铺装钢筋结构图（三维模型）

I—I

II—II

一孔桥面铺装工程量

跨径/m	编号	直径/mm	长度/cm	根数	总质量/kg	C30防水混凝土/m³	沥青混凝土/m³
10	1	10	1195.0	99	1458.3	12.8	7.7
	2		992.0	119			

附注：
1. 本图尺寸除钢筋直径以mm计外，其余均以cm计。
2. 铰缝工程量已计入。
3. 一孔为8条铰缝。

图 9-13 一孔桥面铺装钢筋结构图

9.4 识读墩台结构图

墩台结构认知

桥台位于桥梁的两端，一方面支承主梁，另一方面承受桥头路堤的水平推力，并通过基础把荷载传给地基。而桥墩位于桥梁的中部，支撑它两侧的主梁，并通过基础把荷载传给地基，如图9-14所示。

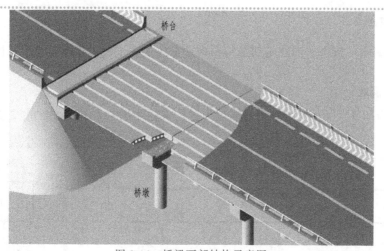

图 9-14　桥梁下部结构示意图

1. 常见的桥墩形式

桥墩的形式很多，图 9-15 为两种常见的桥墩形式：重力式桥墩、桩柱式桥墩。

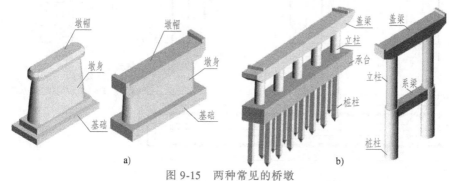

图 9-15　两种常见的桥墩

a）重力式桥墩　b）桩柱式桥墩

2. 常见的桥台形式

桥台的形式很多，图 9-16 为三种常见的桥台形式：重力式 U 形桥台（又称为实体式桥台）、肋板式桥台、柱式桥台。

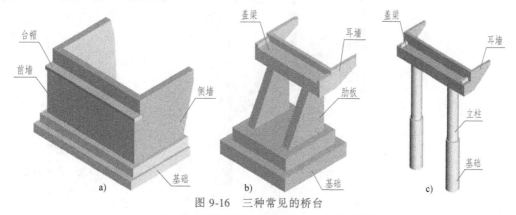

图 9-16　三种常见的桥台

a）重力式 U 形桥台　b）肋板式桥台　c）柱式桥台

9.4.1 桥墩图

桥墩工程图由一般构造图和钢筋结构图两部分组成。下面以图9-5所示的桩柱式桥墩为例进行分析。

1. 桥墩一般构造图

图9-17a为图9-5所示桥梁的钢筋混凝土桩柱式桥墩的一般构造图，由立面图、平面图

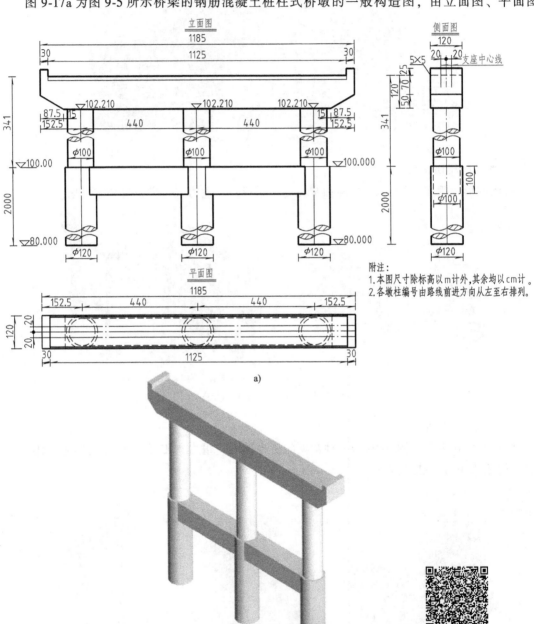

附注：
1. 本图尺寸除标高以m计外，其余均以cm计。
2. 各墩柱编号由路线前进方向从左至右排列。

a)

b)

桩柱式桥墩一般构造图
（三维模型）

图 9-17　桩柱式桥墩一般构造图

a) 桥墩构造图　b) 桥墩立体示意图

和侧面图构成。该桥墩从上到下由盖梁、立柱、系梁、桩柱等几部分组成。图 9-17b 为该桥墩的立体示意图。读图时应该三个投影对照起来，一部分一部分地分析，每一部分重点分析反映形状特征的投影。盖梁的正面投影反映其特征，盖梁大部分尺寸都在该投影上，全长为 1185cm，高度为 120cm，宽度为 120cm，盖梁两端有 30cm×25cm 的防振挡块，以防止空心板的移动。从侧面图上可见盖梁上支座中心线距桥墩中心线 20cm。三根直径 100cm，高为 221cm（341cm-120cm），中心距为 440cm 的立柱支撑盖梁，立柱的立面图和侧面图都采用了折断的画法。立柱下是直径为 120cm 的三根钢筋混凝土灌注桩，其长度为 2000cm，为节省图纸空间及图面美观，混凝土灌注桩的立面图和侧面图也都采用了折断的画法。在三根混凝土灌注桩之间浇筑着截面为 100cm×100cm 系梁与桩柱相贯，用以加强桩柱的整体性。另外，立面图上还标注出了各桩基础底面、基础顶面、立柱顶面等各部分的标高。

*2. 桥墩配筋图

桥墩各部分均为钢筋混凝土结构，都应绘出其钢筋结构图，如桥墩盖梁钢筋结构图、系梁钢筋结构图、桥墩桩柱钢筋结构图、桥墩挡块钢筋结构图。彩图 7 为整个桥墩上的钢筋结构情况示意图。

（1）桥墩盖梁钢筋结构图　图 9-18 为桥墩盖梁钢筋结构图（彩图 8 为其立体示意图）。该图由半立面图、半平面图、Ⅰ—Ⅰ断面图、Ⅱ—Ⅱ断面图、Ⅲ—Ⅲ断面图及钢筋详图组成。从表示外部轮廓的细实线可看出盖梁的形状。全梁共有 9 种钢筋，①~⑤号钢筋为受力钢筋，直径均为 25mm。由①~⑤号钢筋焊接成钢筋骨架 A，骨架 A 沿盖梁纵向分布，全梁共有 4 片骨架，骨架在断面上的位置，可从断面图中分析。①号钢筋有 8 根，分布在梁的顶面；②号钢筋有 8 根，分布在梁的底部；③~⑤号钢筋为骨架 A 中的斜筋，用来承受横向剪力。每片骨架 A 中，有 6 根③号钢筋，全梁共 24 根；有 2 根④号钢筋，全梁共 8 根；有 2 根⑤号钢筋，全梁共 8 根。⑥、⑦号钢筋各 4 根，为分布钢筋，直径为 10mm，布置在梁的两侧面，⑦号钢筋的长度随截面的变化而变化。⑧、⑨号钢筋是箍筋，直径为 10mm，以 10cm 的间距均匀分布在整个梁上，⑧号钢筋分布在梁的中段，共 2×50+1 道，202 根，⑨号箍筋分布在梁的两端，共 2×（8+1）道，36 根。⑨号钢筋的长度也随截面的变化而变化。除⑧、⑨号箍筋是 HPB 235 钢筋外，其余都是 HRB 335 钢筋。

（2）桥墩桩柱钢筋结构图　图 9-19 为桥墩立柱和桩柱钢筋结构图（彩图 9 为其立体示意图），由立面图、Ⅰ—Ⅰ断面图、Ⅱ—Ⅱ断面图表示，并有钢筋详图、工程数量表及注释。读图时一定要仔细阅读每一种信息。

图 9-19 中共有 7 种钢筋，其中①~③号钢筋为立柱钢筋，①号钢筋为立柱的主筋，其伸入盖梁内的部分做成喇叭形，大约与直线倾斜 15°，伸入桩柱内的部分做成微喇叭形。从Ⅰ—Ⅰ断面图中可以看出，①号钢筋沿圆周均匀分布，该圆周半径为 50cm-4.7cm = 45.3cm，从工程数量表中可知一根桩柱中共有 16 根①号钢筋。②号加强箍筋焊接成圆形，在钢筋骨架上每隔 2m 焊接一根，每根桩柱中有 2 根。③号钢筋为立柱的螺旋分布筋，只有 1 根，分布在整个立柱上，该螺旋分布筋在下部 221cm 的范围内为柱形螺旋，在上部 110cm 范围内（伸入盖梁部分）为锥形螺旋，螺旋间距为 20cm，③号螺旋分布筋总长为 6828.1cm。

④~⑦号钢筋为桩基钢筋。④号钢筋为桩柱的主筋，上部与①号钢筋搭接部分向内倾斜，以便与①号钢筋焊接，从Ⅱ—Ⅱ断面图中可以看出，④号钢筋也是沿圆周均匀分布，

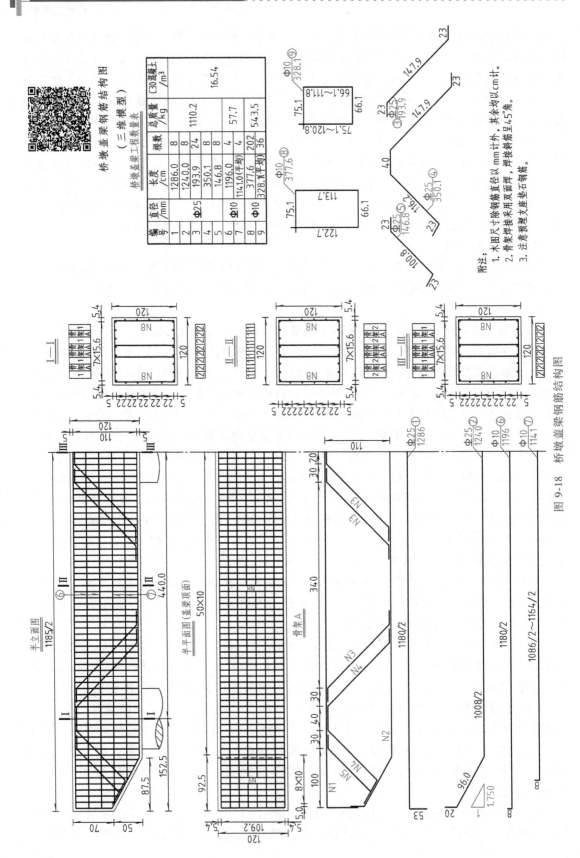

图 9-18 桥墩盖梁钢筋结构图

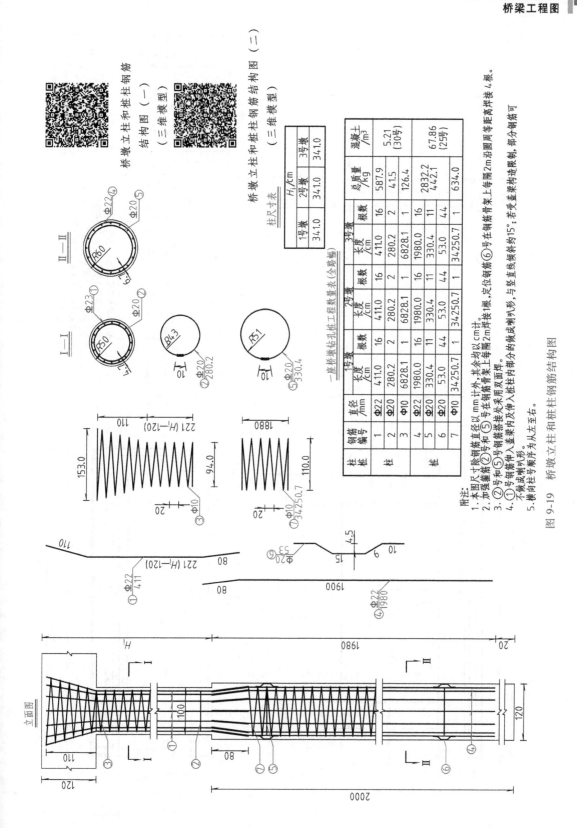

柱尺寸表

	1号墩	2号墩	3号墩
H_1/cm	341.0	341.0	341.0

一座桥墩钻孔桩工程数量表(全路幅)

柱桩	钢筋编号	直径/mm	1号墩		2号墩		3号墩		总质量/kg	混凝土/m³
			长度/cm	根数	长度/cm	根数	长度/cm	根数		
柱	1	Φ22	411.0	16	411.0	16	411.0	16	587.9	5.21 (30号)
	2	Φ20	280.2	2	280.2	2	280.2	2	4.5	
	3	Φ10	6828.1	1	6828.1	1	6828.1	1	126.4	
桩	4	Φ22	1980.0	16	1980.0	16	1980.0	16	2832.2	67.86 (25号)
	5	Φ20	330.4	11	330.4	11	330.4	11	442.1	
	6	Φ20	53.0	44	53.0	44	53.0	44	634.0	
	7	Φ10	34 250.7	1	34 250.7	1	34 250.7	1		

附注:
1. 本图尺寸除钢筋直径以mm计外,其余均以cm计。
2. 加强箍筋②号筋和⑤号在钢筋搭接处采用双面焊。
3. ①号钢筋伸入盖梁内及伸入桩柱内端分的做成喇叭形,与盖梁顶面平。
4. ①号钢筋伸入盖梁内及伸入桩柱内端分的做成喇叭形,与盖梁顶面平;若受盖梁构造限制,部分钢筋可不做成喇叭形。
5. 横向柱号顺序为从左至右。

图 9-19 桥墩立柱和桩柱钢筋结构图

桥墩立柱和桩柱钢筋结构图(一)
(三维模型)

桥墩立柱和桩柱钢筋结构图(二)
(三维模型)

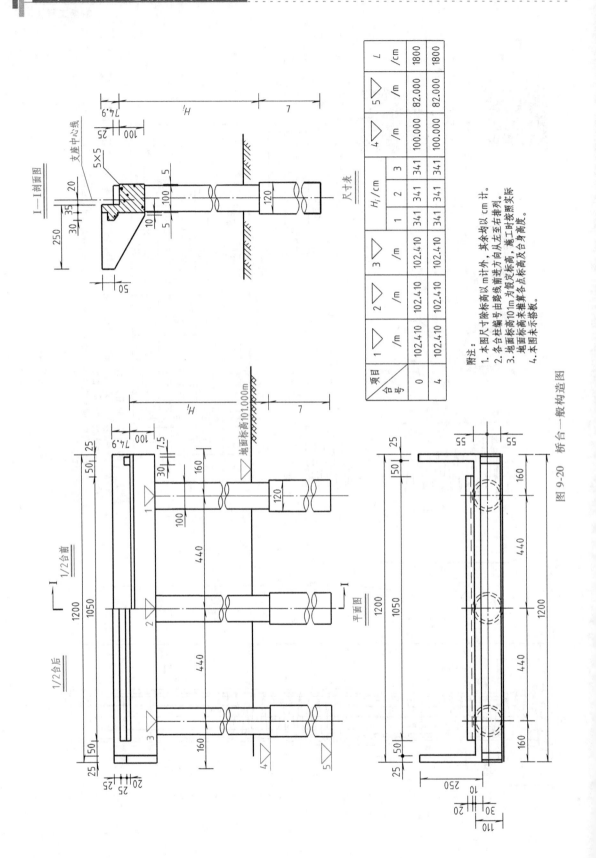

尺寸表

项目 合号 号	1 ▽ /m	2 ▽ /m	3 ▽ /m	H_i/cm 1	H_i/cm 2	H_i/cm 3	4 ▽ /m	5 ▽ /m	L /cm
0	102.410	102.410	102.410	341	341	341	100.000	82.000	1800
4	102.410	102.410	102.410	341	341	341	100.000	82.000	1800

附注：
1. 本图尺寸除标高以 m 计外，其余均以 cm 计。
2. 各柱编号由路线前进方向从左至右排列。
3. 地面标高101m为假定标高，施工时按照实际地面标高来推算各点标高及台身高度。
4. 本图未示搭板。

图 9-20　桥台一般构造图

该圆周半径为 60cm−6.7cm＝53.3cm，从钢筋数量表中可知一根桩柱中共有 16 根④号钢筋。⑤号钢筋为加强箍筋，焊接成圆形，在钢筋骨架上每隔 2m 焊接一根，每根桩柱11 根。⑦号钢筋为螺旋分布筋，一根桩柱中只有 1 根，分布在整个桩柱上，螺旋间距为 20cm，⑦号钢筋螺旋高度为 1880cm，总长为 34250.7cm。⑥号定位钢筋在钢筋骨架上每隔 2m 沿圆周等距离焊接 4 根，一根桩柱中共有 44 根；从立面图中可见在桩基础底部有 20cm 混凝土保护层。

9.4.2 桥台图

1. 桥台一般构造图

图 9-20 是图 9-5 所示桥梁的桥台（柱式桥台）的一般构造图，图 9-21 是其立体示意图。它由立面图、平面图和侧面图表示。该桥台由盖梁、耳墙、防震挡块、背墙、牛腿、立柱及桩柱组成。

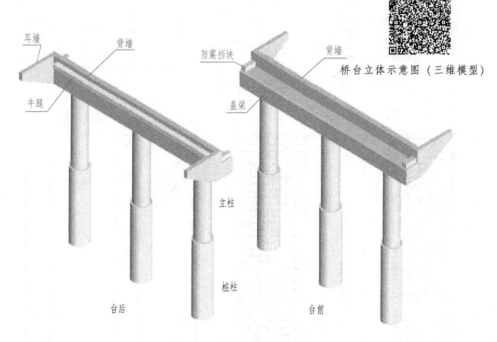

桥台立体示意图（三维模型）

图 9-21　桥台立体示意图

立面图是由 1/2 台前和 1/2 台后拼接而成。桥台前面是指连接桥梁上部结构的一面，后面是指连接岸上路堤这一面。图中表达了桥台各部分的结构形状并给出了各部分的详细尺寸，对不同位置桥台的高度尺寸用列表给出。

侧面图采用了 Ⅰ—Ⅰ 剖面图，剖切平面通过桥梁中心线，即通过中间桩柱的轴线，根据习惯画法，桩柱按不剖处理，不画剖面线。

从 Ⅰ—Ⅰ 剖面图中可以看出盖梁、背墙、牛腿的断面形状，耳墙及挡块在侧面上也反映形状特征，也可以看出它们在上下、前后方向的相对位置关系。立面图、平面图主要反映桩柱、耳墙、防震挡块、背墙、牛腿与盖梁长度方向的相对位置关系。

详细内容请读者参照立体示意图仔细分析。

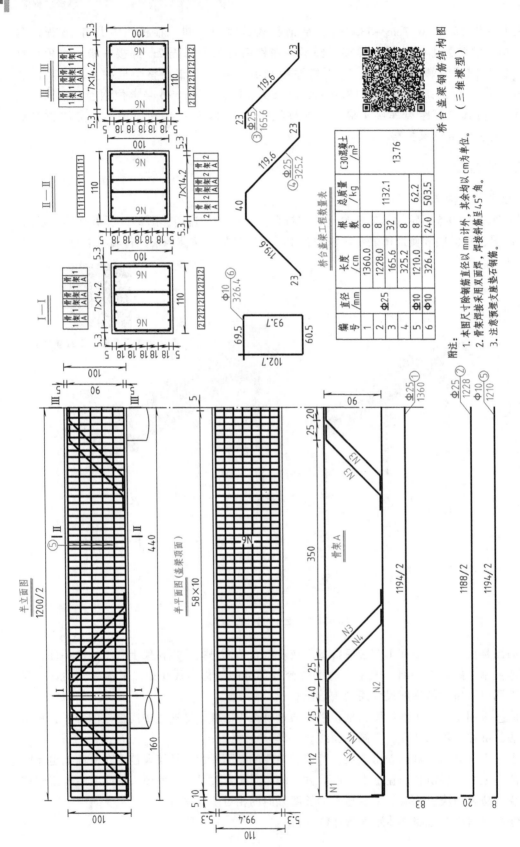

图 9-22　桥台盖梁钢筋结构图

*2. 桥台配筋图

桥台各部分均为钢筋混凝土结构，都应绘出其钢筋结构图，如桥台盖梁钢筋结构图、桥台桩柱钢筋结构图、桥台挡块钢筋结构图、背墙牛腿钢筋结构图、耳背墙钢筋结构图。

(1) 桥台盖梁钢筋结构图　图 9-22 为桥台盖梁钢筋结构图（彩图 10 为其立体示意图）。该图由半立面图、半平面图、Ⅰ—Ⅰ断面图、Ⅱ—Ⅱ断面图、Ⅲ—Ⅲ断面图及钢筋详图。从外部轮廓线可看出盖梁的各个方向的断面形状。全梁共有 6 种钢筋，①、②、③、④号钢筋为受力钢筋，直径均为 25mm。由①、②、③、④号钢筋焊接成钢筋骨架 A，骨架 A 沿盖梁纵向分布，全梁共有 4 片骨架 A，骨架 A 在断面上的位置，可从断面图中分析。①、②号钢筋为受力钢筋，①号钢筋有 8 根，分布在梁的顶面；②号钢筋有 8 根，分布在梁的底部；③、④号钢筋为骨架 A 中的斜筋，用来承受横向剪力。每片骨架中有两根④号钢筋，全梁共 8 根；每片骨架中有 8 根③号钢筋，全梁共 32 根。⑤号钢筋为分布钢筋，钢筋直径为 10mm，共 8 根，布置在梁的两侧面。⑥号钢筋是箍筋，钢筋直径为 10mm，以 10cm 的间距均分布在整个梁上，共 120 道，240 根。除⑥号箍筋是 HPB 235 钢筋外，其余都是 HRB 335 钢筋。

(2) 桥台桩柱钢筋结构图及桥台挡块钢筋结构图　桥台桩柱钢筋结构图与桥墩桩柱钢筋结构图相同，桥台挡块钢筋结构图与桥墩挡块钢筋结构图相同，这里不再介绍。

(3) 背墙牛腿钢筋结构图和耳墙钢筋结构图　这几种结构图比较复杂，本书从略。

本 章 小 结

桥梁工程图主要由桥梁总体布置图、桥梁构件图、桥跨结构图、墩台结构图组成。

桥梁总体布置图主要由立面图、平面图、侧面图、路基设计表及附注组成。

1. 桥梁总体布置图的图示特点

1) 由于桥梁左右对称，立面图一般采用半剖面图的形式表示，剖切平面通过桥梁中心线沿纵向剖切。当桥梁结构较简单时也可采用单纯的正面投影图来表示。由于桥台、桥墩基桩一般埋置较深，为了节省图幅经常采用折断画法。

2) 平面图可采用半剖图或分段揭层的画法来表示，半剖图是指左半部分为水平投影图，右半部分为剖面图（假想将上部结构揭去后的桥墩、桥台的投影图）。分段揭层的画法是指在不同的墩台处假想揭去不同高度以上部分的结构后画出投影的方法。当桥梁结构较简单时也可采用单纯的水平投影图来表示。

3) 侧面图根据需要可画出一个或几个不同断面图，也可采用两个不同位置的断面图各画一半合并而成。侧面图可以画比平面图和立面图大的比例。在路桥专业图中，画断面图时，为图面清晰、突出重点，可只画剖切平面后离剖切平面较近的可见部分。

4) 根据道路工程制图国家标准规定，可将土体看成透明体，所以埋入土中的基础部分都认为是可见的，可画成实线。

2. 桥梁构件构造图的内容与特点

桥梁构件大部分是钢筋混凝土构件，钢筋混凝土构件图主要表明构件的外部形状及内部钢筋布置情况，所以桥梁构件图包括构件构造图（模板图）和钢筋结构图两种。

1）构件构造图只画构件形状、不画内部钢筋。

2）钢筋结构图主要表示钢筋布置情况，通常又称为构件钢筋结构图。钢筋结构图一般应包括表示钢筋布置情况的投影图（立面图、平面图、断面图）、钢筋详图（即钢筋成型图）、钢筋数量表等内容。

3）为突出结构物中钢筋配置情况，把混凝土假设为透明体，结构外形轮廓画成细实线。

4）钢筋纵向画成粗实线，钢筋断面用黑圆点表示。

5）钢筋直径的尺寸单位采用 mm，其余尺寸单位均采用 cm，图中无须注出单位。

复习思考题

1. 桥梁工程图包括的主要图样有哪些？图示特点有哪些？

2. 桥梁的主要结构由哪几部分组成？

3. 钢筋结构图的图示特点是什么？

第10章

涵洞工程图

主 要 内 容	能 力 要 求	相 关 知 识
涵洞工程图的图示方法	了解涵洞的图示内容及特点	涵洞工程图的图示内容
		涵洞工程图的图示特点
识读涵洞工程图	1. 能够识读各种涵洞的一般构造图 2. 能够识读涵洞构件图	识读涵洞工程图的方法
		识读涵洞一般构造图(钢筋混凝土盖板涵、钢筋混凝土圆管涵、石拱涵、钢筋混凝土箱涵)
		*识读涵洞构件钢筋构造图

涵洞简介

1. 涵洞与桥梁

涵洞是用于宣泄路堤下水流的工程构筑物,是狭而长的构筑物,它从路面下方横穿过道路,埋置于路基土层中。图 10-1a 为某段道路一正在施工中的盖板涵洞,图 10-1b 为石拱涵洞。涵洞与桥梁的作用基本相同,主要区别在于跨径的大小和填土的高度。根据《公路工程技术标准》中的规定,凡是单孔跨径小于5m,多孔跨径总长小于8m,以

a)

b)

图 10-1　工程中的涵洞

a) 正在施工中的盖板涵洞　b) 石拱涵洞

及圆管涵、箱涵，不论其管径或跨径大小、孔数多少均称为涵洞，涵洞顶上一般都有较厚的填土（洞顶填土大于50cm）。

2. 涵洞的分类

（1）按建筑材料分类　涵洞按建筑材料分类有钢筋混凝土涵、混凝土涵、砖涵、石涵、木涵、金属涵等。

（2）按构造形式分类　涵洞按构造形式分为圆管涵、拱涵、箱涵、盖板涵等，工程上多用此类分法。

（3）按孔数分类　涵洞按孔数分有单孔、双孔、多孔等。

（4）按洞顶有无覆盖土分类　涵洞可分为明涵和暗涵（洞顶填土大于50cm）等。

3. 涵洞的组成

涵洞是由洞口、洞身和基础三部分组成的排水构筑物。如图10-2所示为钢筋混凝土圆管涵立体分解图，从中可以了解涵洞各部分的名称、位置和构造。

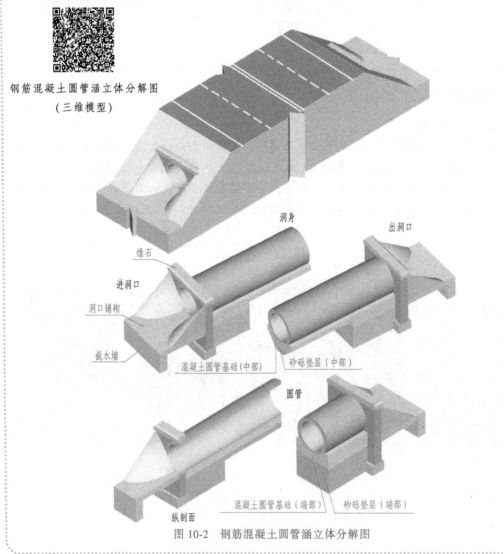

钢筋混凝土圆管涵立体分解图

（三维模型）

图 10-2　钢筋混凝土圆管涵立体分解图

洞身是涵洞的主要部分，它的主要作用是承受活载压力和土压力等并将其传递给地基，还需保证设计流量通过。常见的洞身形式有圆管洞身、拱洞身、箱洞身、盖板洞身。

洞口由端墙、翼墙或护坡、截水墙和缘石等部分组成，它是保证涵洞基础和两侧路基免受冲刷、使水流顺畅的构造。如图 10-3 所示，常见的洞口形式有端墙式、八字式、走廊式、平头式（又称领圈式），一般进、出水口采用同一形式。

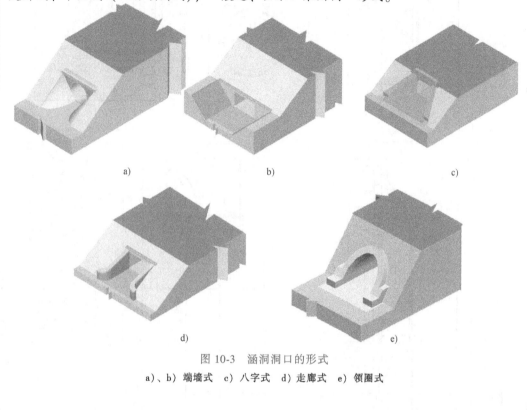

图 10-3 涵洞洞口的形式

a)、b) 端墙式 c) 八字式 d) 走廊式 e) 领圈式

10.1 涵洞工程图的图示内容与特点

10.1.1 涵洞工程图的图示内容

涵洞从路面下方穿过道路，埋置于路基土层中，尽管涵洞的种类很多，但图示方法基本相同。涵洞工程图主要由立面图（纵剖面图）、平面图、侧面图和必要的构造详图（如涵身断面图、构件钢筋结构图、翼墙断面图）、工程数量表、注释等组成，各种图形表达涵洞的结构形状及尺寸，工程数量表给出全涵各构件的材料及数量，注释说明一些图中无法表达的内容，如尺寸单位、施工方法和注意事项等。如图 10-4 为图 10-2 所示钢筋混凝土圆管涵洞的工程图。

10.1.2 涵洞工程图的图示特点

1）在图示表达时，涵洞工程图以水流方向为纵向（即与路线前进方向垂直布置），并以

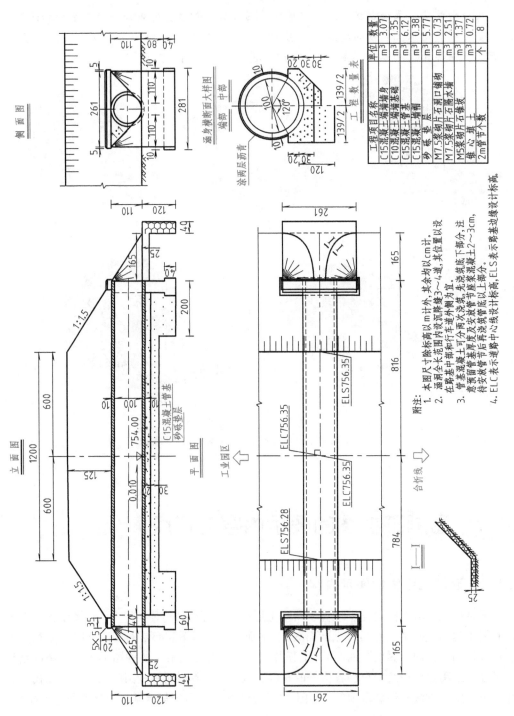

图 10-4　钢筋混凝土圆管涵洞的工程图

附注:
1. 本图尺寸除标高以 m 计外，其余均以 cm 计。
2. 涵洞全长范围内按沉降缝3~4道，其位置任设。在数全长范围内按沉降缝3~4道，其位置任设。
3. 管基混凝土可分两次浇筑，先浇筑底下部分，注意预留管节及接管节处再浇筑混凝土2~3cm，待安放管节后再浇筑混凝土上部分。
4. ELC表示遵路中心线设计标高，ELS表示路基边线设计标高。

工程数量表

工程项目名称	单位	数量
C15混凝土端墙墙身	m³	3.07
C10混凝土端墙基础	m³	1.35
C15混凝土管基	m³	6.12
C15混凝土墙帽	m³	0.38
砂砾垫层	m³	5.77
M7.5浆砌片石洞口铺砌	m³	0.73
M7.5浆砌片石隔水墙	m³	2.51
M5浆砌片石锥坡	m³	1.37
锥心填土	m³	0.72
2m管节个数	个	8

纵剖面图代替立面图，剖切平面通过涵洞轴线，图 10-4 所示中的立面图是通过圆管涵轴线的纵向剖面图。

2）平面图一般不考虑涵洞上方的覆土，或假想土层是透明的。平面图上有时不画出洞身基础的投影，而在立面图和断面图中表达，图 10-4 所示中的平面图中把土层看成是透明的。在平面图中没有画出基础及砂砾垫层的投影。

3）洞口正面布置图在侧面投影图位置作为侧面图，当进、出水洞口形状不一样时，则需分别画出其进、出水洞口布置图。图 10-4 所示中侧面投影是洞口正面图。

4）洞身断面图、钢筋布置图、翼墙断面图等也可能在另一张图中表达。

涵洞体积较桥梁小，故画图所选用的比例较桥梁图稍大。

10.2 识读涵洞工程图

10.2.1 识读涵洞工程图的方法

涵洞种类多种多样，其结构形式各不相同。读涵洞工程图时必须具备前面学过的读图基本知识，同时熟悉涵洞工程图的图示特点及道路工程制图标准的有关规定。

阅读涵洞工程图的基本方法是：先概括了解，后深入细读；先整体、后局部，再综合起来想象整体。

1. 概括了解

1）从标题栏、角标及图样上的注释中了解名称、尺寸单位、涵洞所处的位置（里程桩号）及有关要求。

2）了解涵洞采用了哪些基本的表达方法，采用了哪些特殊的表达方法，各剖面图、断面图的剖切位置和投影方向，各投影图的主要作用。然后，以一个形状位置特征较明显或结构关系较清楚的投影图为主，结合其他投影图了解涵洞的组成及相对位置。

2. 形体分析

根据涵洞各组成部分的构造特点，可把它沿长度方向分成几段或沿宽度方向分为几部分。然后对每一部分进行分析。如图 10-2 所示的涵洞沿长度方向可分为进洞口、出洞口、洞身三部分。而每一部分沿宽度或高度方向又可以分为不同的部分。

3. 综合起来想整体

在分析的基础上，对照涵洞的各投影图、剖面图、断面图、局部放大图等全面综合，明确各组成部分之间的关系，考虑涵洞图的特点，想象出整体。

在读图过程中要结合材料表和注释认真阅读。

现以常用的盖板涵、圆管涵、拱涵和箱涵为例介绍涵洞一般构造图的识图方法。

10.2.2 识读涵洞一般构造图

1. 识读钢筋混凝土盖板涵一般构造图

钢筋混凝土盖板涵工程图主要有盖板涵一般构造图、构件一般构造图、构件钢筋结构图等。下面我们识读钢筋混凝土盖板涵一般构造图。

如图 10-5a 所示为钢筋混凝土盖板涵一般构造图。由立面图（纵向剖面图）、平面图和侧面图（洞口正立面图）、翼墙大样图、I—I 断面图等来表示。立面图采用了剖面图，由于涵洞较长，采用了折断的画法。由立面图可知洞顶无填土，为明涵。平面图表示出涵洞的洞身、洞口的平面形状及有关尺寸。侧面图反映出洞口的立面形状及有关尺寸。八字翼墙大样图主要表明八字翼墙的形状及各部分的尺寸。为表示洞身、基础的形状、详细尺寸及材料，在洞身的 I—I 位置进行了剖切，画出 I—I 断面图。由 I—I 断面图可看出盖板、台帽、涵台、涵台基础的形状与材料。

由立面图和平面图可将该钢筋混凝土盖板涵沿长度分为进洞口、出洞口及洞身三大部分，其中进、出洞口的结构完全相同，我们只需分析其中之一，由立面图中的坡度符号的方向可知左侧为进洞口，右侧为出洞口。

综合立面图、平面图、侧面图及八字翼墙大样图，可以看出洞口的结构形状及尺寸。进、出洞口采用了八字翼墙式洞口，翼墙由 M7.5 浆砌片石筑成，八字翼墙内侧面为铅垂面，与涵洞轴线的夹角为 30°，顶面的纵向坡度为 1:1.5，外侧面为坡度为 3.75:1 的一般平面。墙下有 M7.5 浆砌片石筑成的翼墙基础，翼墙基础高度为 60cm，长度方向与墙身平齐，宽度方向比墙身底面外侧宽 12.5cm，内侧宽 11.5cm。由侧面图中的虚线可知，墙身基础及部分墙身被埋置在土里，从大样图中可以看出墙身的埋置深度为（80-20）cm=60cm。八字翼墙之间是梯形的洞口铺砌，其中下部是 10cm 厚的砂砾垫层，上部是 30cm 厚的 M5 浆砌片石铺砌。在八字墙和洞口铺砌端部是长方体的截水墙，材料为 M5 浆砌片石铺砌。图 10-5b 所示为该钢筋混凝土盖板涵的立体图示意图，读者可以对照构造图和立体图详细阅读。

由立面图可以看出洞身部分长为 2550cm（路基宽度为 2550cm），由侧面图（洞口正立面图）可知涵洞净跨径为 140cm，净高为 115cm。综合立面图、平面图、侧面图及 I—I 断面图，可以看出前后两侧的涵台基础、涵台、台帽的形状及上下关系。通过分析可以看出，涵台基础为长 2550cm、宽 80cm、高 60cm 的 C20 混凝土长方体。由立面图可知涵台基础底面与翼墙基础底面平齐，高度也与翼墙基础相同。涵台台身为长 2550cm、宽 60cm、高 150cm 的 C20 混凝土长方体。台帽的截面为"L"形，为长 2550cm 的钢筋混凝土柱体。若干块 18cm 厚钢筋混凝土盖板排列支承在两台帽之上，两端的盖板（边板）和缘石浇筑在一起。钢筋混凝土盖板之上是涵面铺装，从下到上分别是现浇 10cm 厚 C25 混凝土、4cm 厚沥青混凝土。在平面图中为了清楚地表达盖板的情况，把涵面铺装当成透明的处理。洞底铺砌下部是 10cm 厚的砂砾垫层，上部是 30cm 厚的 M5 浆砌片石铺砌，高度与洞口铺砌平齐。

平面图还表示出该涵洞处道路中心线的设计标高为 814.39m，路基边缘设计标高为 814.14m。

2. 识读钢筋混凝土双孔圆管涵一般构造图

钢筋混凝土圆管涵工程图主要由圆管涵一般构造图、圆管涵管节钢筋构造图、管节接头及沉降缝构造图等组成。下面只介绍圆管涵的一般构造图识读方法。

图 10-6a 所示为该圆管涵的一般构造图，图中采用了立面图、平面图、侧面图（洞口正立面图）、洞身断面大样图及工程数量表来表达。立面图采用沿涵管中心线的剖切形式，图中表示出涵洞各部分的相对位置和构造形状；平面图表达了圆管洞身、洞口铺砌、锥形护坡、缘石、端墙及端墙基础的平面形状及它们之间的相对位置，在平面图中涵顶覆土作透明处理，用示坡线表示路基边坡。同时，还标出涵洞中心处道路中心线设计标高为 796.36m，路基边缘设计标高为 796.36m。侧面图采用洞口正面图来表示，主要表示洞口缘石和锥形护

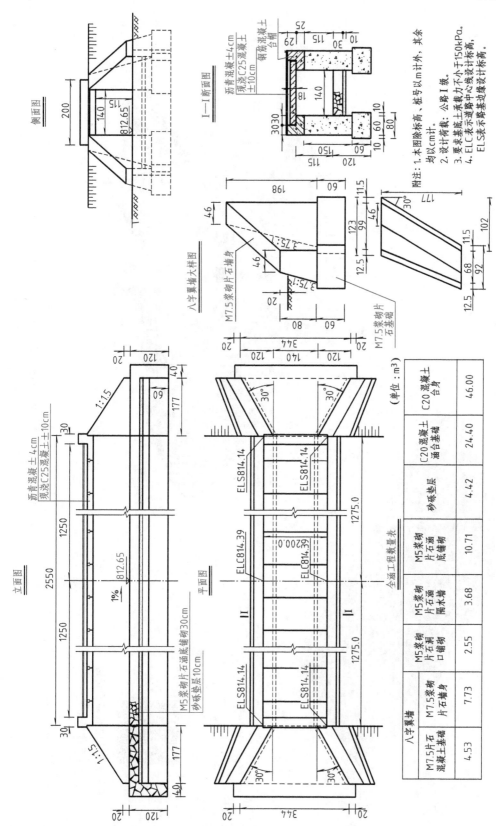

图 10-5 钢筋混凝土盖板涵构造图

八字翼墙		M7.5 浆砌片石墙身	M5 浆砌片石涵口铺砌	M5 浆砌片石涵隔水墙	M5 浆砌片石涵底铺砌	砂砾垫层	C20 混凝土涵合基础	C20 混凝土合身
M7.5 片石混凝土基础	M7.5 浆砌片石墙身							
4.53	7.73		2.55	3.68	10.71	4.42	24.40	46.00

全涵工程数量表

（单位：m³）

a)

附注：1. 本图除标高、桩号以 m 计外，其余均以 cm 计。
2. 设计荷载：公路 I 级。
3. 要求基底承载力不小于 150kPa。
4. ELC 表示涵道路中心线设计标高，ELS 表示路基边缘设计标高。

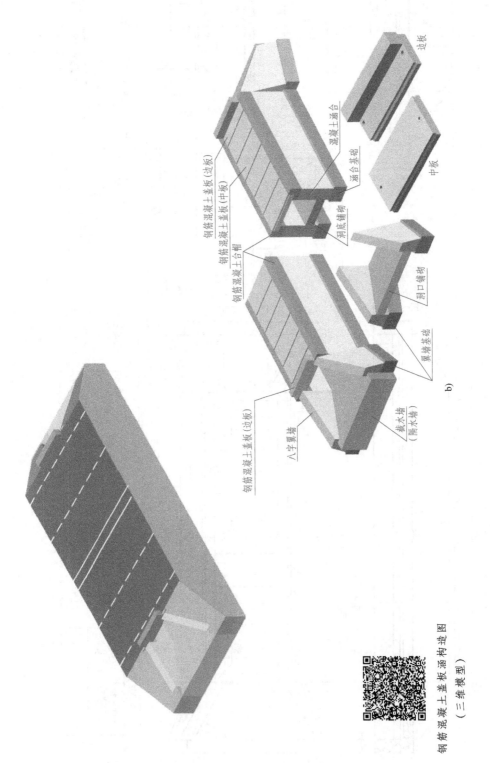

钢筋混凝土盖板涵构造图
（三维模型）

b)

图 10-5　钢筋混凝土盖板涵构造图（续）

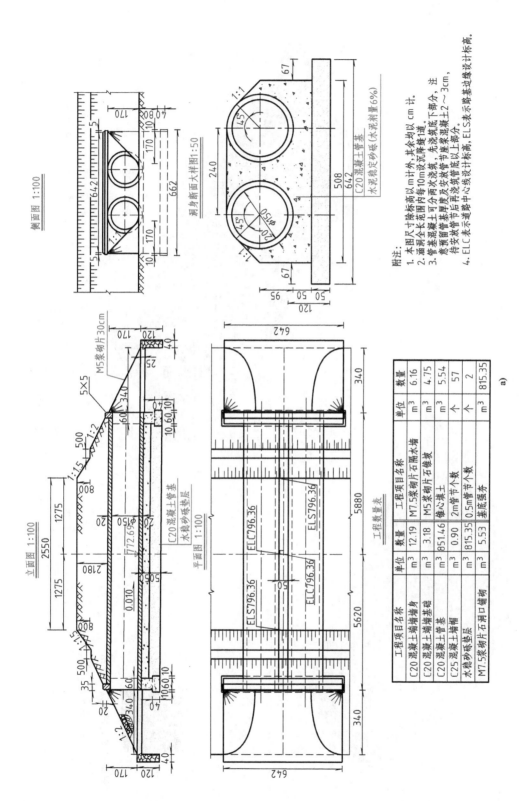

附注:
1. 本图尺寸除标高以 m 计外,其余均以 cm 计。
2. 涵洞全长范围内每 10m 设沉降缝 1 道。
3. 管基混凝土可分两次浇筑,先浇筑底下部分,注意预留管节增厚及安放管节座浆混凝土上部分,待安放管节后再浇筑管中心线路中线设计标高,ELS 表示整路基边线设计标高。
4. ELC 表示道路中心线路中线设计标高,ELS 表示整路基边线设计标高。

工程数量表

工程项目名称	单位	数量	工程项目名称	单位	数量
C20 混凝土端墙墙身	m³	12.19	M7.5浆砌片石隔水墙	m³	6.16
C20 混凝土端墙基础	m³	3.18	M5浆砌片石锥坡	m³	4.75
C20 混凝土管基	m³	851.46	锥心填土	m³	5.54
C25 混凝土端墙帽	m³	0.90	2m管节个数	个	57
水稳砂砾垫层	m³	815.35	0.5m管节个数	个	2
M7.5浆砌片石洞口铺砌	m³	5.53	基底浸夯	m³	815.35

a)

图 10-6   端端式双孔圆管涵构造图

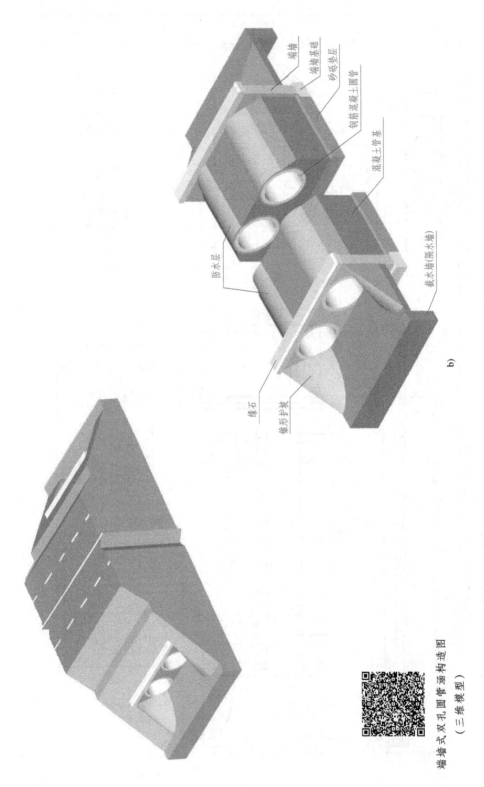

端墙
端墙基础
砂砾垫层
钢筋混凝土圆管
混凝土管基
截水墙（隔水墙）
防水层
缘石
锥形护坡

b)

图 10-6 端墙式双孔圆管涵构造图（续）

端墙式双孔圆管涵构造图
（三维模型）

坡的侧面形状及尺寸；洞身断面大样图采用 1∶50 的比例，图中表示出了洞身基础、砂砾垫层的详细尺寸，并把各部分的材料于图中表示出来。

综合立面图、平面图、侧面图可以看出进洞口、出洞口均采用了端墙式洞口，由端墙、端墙基础、缘石（墙帽）、护坡、洞口铺砌及截水墙组成。锥形护坡锥底椭圆长轴半径为 340cm，短轴半径为 170cm，护坡高度为 170cm。锥形护坡纵向坡度为 1∶2，与下段路基坡度一致，横向坡度为 1∶1。截水墙厚 40cm，长 642cm，高 120cm。由侧面图中的虚线可知截水墙全部被埋置在土中。端墙高 170cm，长 642cm，厚 60cm。端墙基础的长度为 662cm，高度为 40cm，厚度为（60+10×2）cm = 80cm。缘石（墙帽）形状为长 652cm，厚 35cm，高 20cm 的长方体，缘石上部洞口方向及两侧的棱被斜截面截切，形成 5cm×5cm 的倒角。从立面图和工程数量表中可以看出护坡表层是 30cm 厚的 M5 浆砌片石，护坡锥心是填土；洞口铺砌及截水墙都是 M7.5 浆砌片石砌成；端墙及端墙基础均为 C20 混凝土浇筑而成；缘石（墙帽）由 C25 混凝土浇筑而成。

分析洞身部分可知，涵管管径 150cm，管壁厚 20cm，涵管长为（5620 + 5880）cm = 11500cm，两管之间的中心距为 240cm。洞底砂砾垫层厚 50cm，混凝土管基厚 50cm，设计流水坡度 1%。综合分析洞身断面大样图、工程数量表及注释可以确定洞身的断面形状、详细尺寸、材料及施工注意事项。

综合立面图、平面图、侧面图可以看出路基宽度 2550cm。洞顶填土厚度为 2180cm，由于路基太高使得圆管长度及洞顶填土高度远远大于圆管管径，所以图中的管长及洞顶填土部分的尺寸没有按比例画出。路基边坡分为两段，上面部分坡度为 1∶1.5，下面部分坡度为 1∶2，在两坡面之间有 500cm 宽的平台，该平台距路面高度方向的尺寸为 800cm。如图 10-6b 所示为双孔钢筋混凝土圆管涵的立体示意图。

3. 识读石拱涵的一般构造图

图 10-7a 为石拱涵一般构造图，该图采用半纵剖面图、半平面图、侧面图来共同表达。半纵剖面图主要是表达涵洞的内部构造，而进水洞口和出水洞口的构造和形式相同，整个涵洞是左右对称的，所以用半纵剖面图来代替立面图。半纵剖面图是沿涵洞的中心线位置纵向剖切的，凡是剖到的各部分如截水墙、涵底、拱顶、缘石、路基等都应按剖开绘制，并画出相应的材料图例，另外也画出了能看到的各部分如锥坡、端墙、涵台、基础等。半平面图也只画出左边一半，其前半部分是保留了护拱投影，而后半部分是去掉了护拱投影，这是道路工程图中较常用的表达方法。侧面图是由半个断面图和半个立面图合成。左半部为洞口部分的外形投影，主要反映洞口的正面形状和锥坡、端墙、缘石、基础等的相对位置；右半部分为涵身横断面图，主要表达涵身的断面形状。

进、出洞口采用了相同的结构形式。护坡、截水墙、洞口铺砌、缘石等的结构与上例中的洞口基本相同，这里就不再分析了。在正面投影中可以看出端墙的纵断面为梯形，端墙被涵台、主拱圈贯穿，端墙没有被剖切到，且被拱圈遮挡，所以背面是用虚线画出的，坡度为 3∶1。

涵身部分的主拱、护拱和涵台、涵台基础、防水层、洞底铺砌与砂砾垫层的横断面形状、尺寸及各构件的相互位置关系可以从 A—A 断面图中分析清楚。它们都是不同形状的柱体。主拱、洞底铺砌与砂砾垫层的长度相同，均为（846-2×20）cm = 806cm。而涵台在施工时与端墙砌在一起，全长也是 806cm。涵台基础与端墙基础连成一体，长度为 846cm，其水平

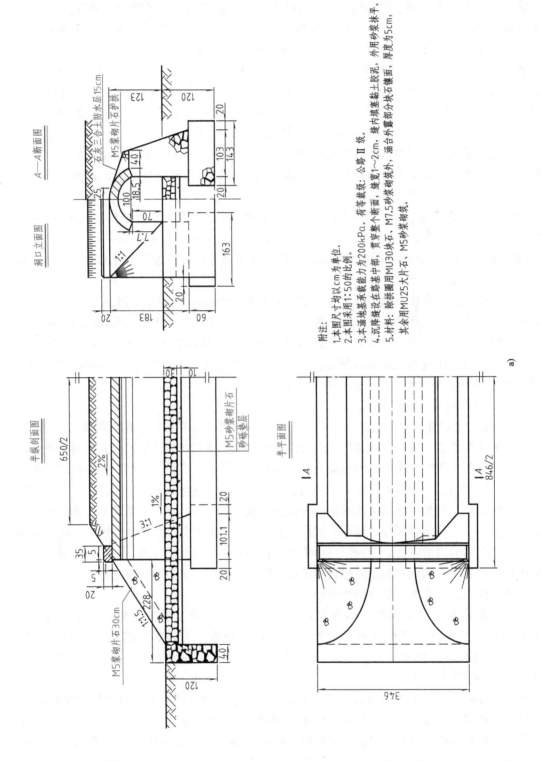

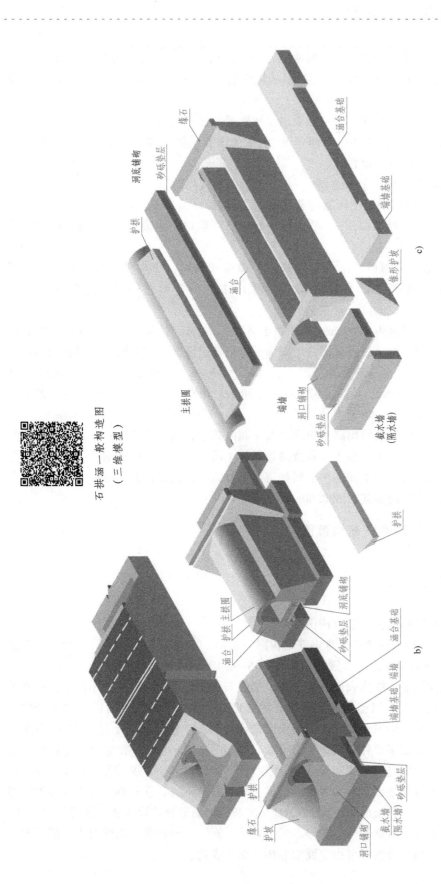

石拱涵一般构造图
（三维模型）

图 10-7　石拱涵一般构造图

方向的形状可由平面图分析。护拱只在两端墙背面之间砌筑，在护拱之上有 15cm 厚的石灰三合土防水层。洞底的纵向坡度为 1%，洞顶的纵向坡度为 2%，由坡度符号的方向可以看出右侧为进洞口。

各部分的材料在投影图及附注中均已说明，请读者自己分析。

图 10-7b 所示为该石拱涵立体示意图，图 10-7c 为该石拱涵立体分解图，读者可参照立体示意图仔细分析每一部分的形状。

4. 识读钢筋混凝土箱涵一般构造图

如图 10-8b 所示为钢筋混凝土箱涵一般构造图，图 10-8a 为其立体示意图。

该图采用了立面图（纵剖面图）、平面图、侧面图（洞口正立面图）、涵身断面图来共同表达。

该钢筋混凝土箱涵进洞口、出洞口均采用了端墙式洞口，由端墙、端墙基础、缘石（墙帽）、护坡、洞口铺砌及截水墙组成，与例 10-2 的洞口形式一样，这里就不再分析了。

由立面图看出路基宽度为 2250cm，洞顶填土高度为 64cm。洞身、翼墙及缘石由钢筋混凝土浇筑成一体。由洞身断面图可见涵身断面为长方形薄壁断面，洞身底板、顶板的厚度为 45cm，侧墙厚度为 40cm，涵洞跨径为 500cm、净高为 300cm。洞身基础的材料为 C10 混凝土，洞身基础长（2380+30×2）cm、宽 620cm、高 30cm。缘石与翼墙的结构形状在该图中没有详细表达，可在翼墙钢筋结构图中分析。

平面图中用 4 条粗实线表示出路基边缘线及中间隔离带，路基边坡以示坡线表示。钢筋混凝土涵身埋置在路基中，但可将土体看成是透明体，所以可以用实线表示，平面图中洞身基础未画出。平面图中还标出了涵洞中心线处道路路基边缘的设计标高为 608.69m，涵洞中心线处道路中央隔离带处的标高为 608.90m。

*10.2.3 识读涵洞构件钢筋构造图

能力提高

识读钢筋混凝土箱涵构件钢筋结构图

图 10-9 为图 10-5 所示箱涵的涵身钢筋结构图（彩图 11 为其立体示意图），涵身钢筋结构图由立面图（A—A 断面）、平面钢筋布置图（B—B 断面）、侧面投影图（C—C 断面）、横断面钢筋组合图及钢筋详图来表示。为了表示钢筋安装组合情况，对三种不同组合排列方式（组合Ⅰ、Ⅱ和组合Ⅲ）以横断面钢筋组合图的形式给出，并结合平面图中的代号作表达。由平面图可以看出沿涵洞长度方向钢筋组合的布置情况，钢筋组合Ⅰ每隔 20cm 布置一组，在两组钢筋组合Ⅰ之间布置一组钢筋组合Ⅱ（或组合Ⅲ），组合Ⅱ和组合Ⅲ轮流间隔布置。由横断面钢筋组合图可以看出组合Ⅰ由 2 根①号、2 根③号、2 根④号、4 根⑤号钢筋组成；组合Ⅱ和组合Ⅲ都是由 2 根②号钢筋组成，只是方向不同。⑨号钢筋垂直穿过钢筋组合均匀分布成里外两层，其横向间距为 20cm，与横断面钢筋组合共同组成立体的钢筋骨架。在每组钢筋组合Ⅰ上还分布着⑥号、⑦号、⑧号钢筋，⑥、⑦号钢筋分布情况由立面图和平面图来表达，⑧号钢筋分布情况可由立面图和侧面图来表达。

钢筋混凝土箱涵
（三维模型）

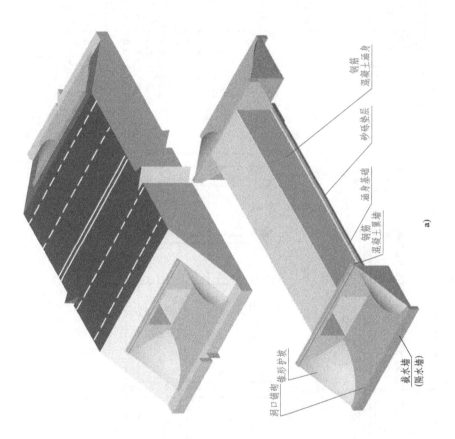

图 10-8　钢筋混凝土箱涵

a)

钢筋
混凝土涵身

砂砾垫层

涵身基础

钢筋
混凝土翼墙

载水墙
（隔水墙）

洞口铺砌锥形护坡

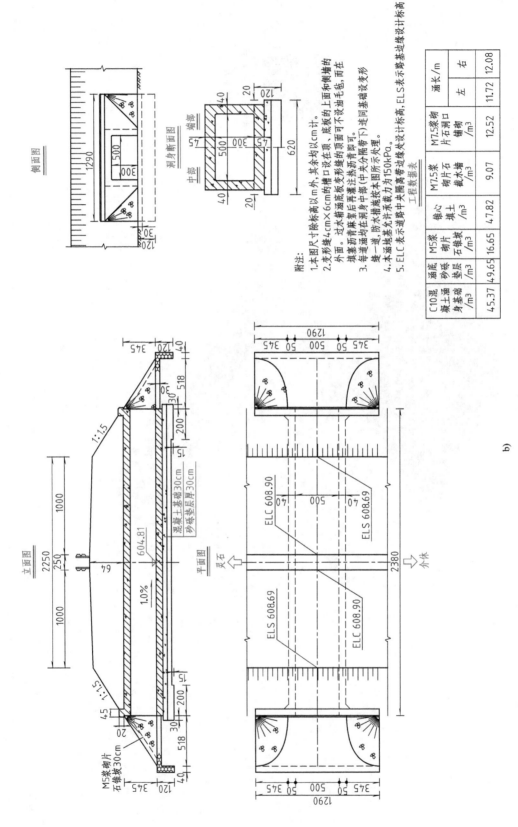

附注:
1. 本图尺寸除标高以m外，其余均以cm计。
2. 变形缝4cm×6cm的槽口设在顶，底板的上面和侧墙的外面。过水箱涵底板变形缝的顶面可不设油毛毡，而在填塞沥青麻絮后灌注热沥青即可。
3. 每道变形缝均在涵身中部(中央隔带下)连同基础设变形缝一道，防水混凝土槽施技本图所示处理。
4. 本涵地基允许承载力为150kPa。
5. ELC表示涵身中央隔带边缘处设计标高，ELS表示翼墙基边缘设计标高。

工程数据表

C10混凝土涵身基础 /m³	涵底砂砾垫层 /m³	M5浆砌片石锥坡 /m³	锥心填土 /m³	M7.5浆砌片石截水墙 /m³	M7.5浆砌片石洞口铺砌 /m³	涵长 /m 左	涵长 /m 右
45.37	49.65	16.65	47.82	9.07	12.52	11.72	12.08

b)

图 10-8　钢筋混凝土箱涵（续）

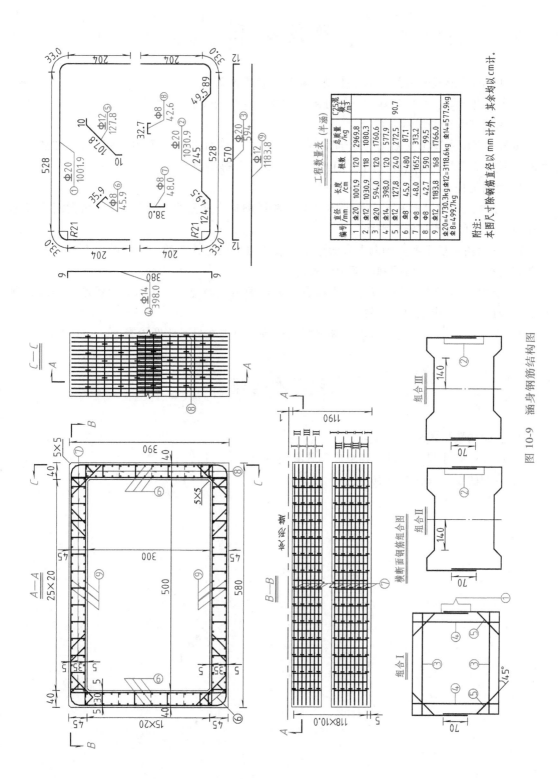

编号	直径 /mm	长度 /cm	根数	总质量 /kg	C25混 凝土 /m³
1	Φ20	1001.9	120	2969.8	
2	Φ12	1030.9	118	1080.3	
3	Φ20	594.0	120	1760.6	
4	Φ14	398.0	24.0	577.9	
5	Φ12	127.8	120	272.5	90.7
6	Φ8	45.9	480	87.1	
7	Φ8	48.0	1652	313.2	
8	Φ8	42.7	590	99.5	
8	Φ12	1183.8	168	1766.0	

工程数量表（半涵）

Φ20=4730.3kg Φ12=3118.6kg Φ14=577.9kg
Φ8=499.7kg

附注:
本图尺寸除钢筋直径以 mm 计外，其余均以 cm 计.

图 10-9　涵身钢筋结构图

本 章 小 结

涵洞按构造形式分为圆管涵、拱涵、箱涵、盖板涵等。

涵洞是由洞口、洞身和基础三部分组成的排水构筑物。

1. 涵洞工程图的图示内容

涵洞工程图主要由立面图（纵剖面图）、平面图、侧面图和必要的构造详图（如涵身断面图、钢筋布置图、翼墙断面图）、工程数量表、注释等组成。

2. 涵洞工程图的图示特点

1）涵洞工程图以水流方向为纵向（即与路线前进方向垂直布置），并以纵剖面图代替立面图，剖切平面通过涵洞轴线。

2）平面图一般不考虑涵洞上方的覆土，或假想土层是透明的。平面图上有时不画出洞身基础的投影，而在立面图和断面图中表达。

3）洞口正面布置图在侧面投影图位置作为侧面图，当进、出水洞口形状不一样时，则需分别画出其进、出水洞口布置图。

4）洞身断面图、钢筋布置图、翼墙断面图等也可能在另一张图中表达。

复习思考题

1. 涵洞构造形式分为哪几类？
2. 涵洞由哪几部分组成？各组成部分有何特点？
3. 涵洞的图示有什么特点？

第 **11** 章

隧道工程图

主要内容	能力要求	相关知识
隧道洞门图	1. 理解隧道洞门图的内容及特点 2. 能够读懂隧道洞门图	隧道洞门图的内容及特点
		识读隧道洞门图的方法
		识读隧道洞门图
隧道衬砌断面图	1. 理解隧道衬砌断面图的内容及特点 2. 能够读懂隧道衬砌断面图	隧道衬砌断面图的内容及特点
		隧道衬砌断面图的识读方法
		识读隧道衬砌断面图(衬砌断面设计图、*超前支护设计图、钢拱架支撑构造图、*二次衬砌钢筋构造图)

隧道简介

　　隧道是道路穿越山岭的建筑物，它虽然形体很长，但中间断面形状很少变化，如图11-1所示为二郎山隧道洞门图。隧道构造物由主体构造物和附属构造物两大类组成。主体构造物通常是指洞身衬砌和洞门构造物。附属构造物是指主体构造物以外的其他建筑物，如维修养护、给水排水、供蓄发电、通风、照明、通信、安全等构造物。隧道工

图 11-1　二郎山隧道洞门

程图除了用隧道（地质）平面图表示它的位置外，它的图样主要由隧道（地质）纵断面图、隧道洞门图、横断面图（表示洞身形状和衬砌）及避车洞图等来表达，对于高速公路、一级公路还应有人行横洞图、车行横洞图等。

这里仅介绍隧道洞门图和隧道衬砌断面图（表示洞身形状和衬砌）。

11.1　隧道洞门图

隧道洞门简介

隧道洞门位于隧道的两端，是隧道的外露部分，俗称出入口。它一方面起着稳定洞口仰坡坡脚的作用，另一方面也有装饰美化洞口的效果。根据地形和地质条件的不同，隧道洞门的形式主要有端墙式、翼墙式和环框式等形式，如图11-1所示二郎山隧道为端墙式洞门，图11-2为翼墙式和环框式洞门。

a)　　　　　　　　　　　　　　　　　b)

图 11-2　隧道洞门的形式

a）翼墙式　b）环框式

11.1.1　隧道洞门图的内容及特点

隧道洞门图一般是用立面图、平面图和洞口纵剖面图来表达它的具体构造，一般可采用1∶100~1∶200的比例，如图11-3所示。

（1）立面图　以洞门口在垂直路线中心线上的正面投影作为立面图。不论洞门是否左右对称，都必须把洞门全部画出。立面图主要表达洞门墙的形式、尺寸、洞口衬砌的类型、主要尺寸、洞顶水沟的位置、排水坡度等，同时也表达洞门口路堑边坡的坡度等。

（2）平面图　平面图主要是表达洞门排水系统的组成及洞内外水的汇集和排水路径，也反映了仰坡与边坡的过渡关系。为了图面清晰，常略去端墙、翼墙等的不可见轮廓线。

（3）洞口纵剖面图　该图沿隧道中心剖切，以此取代侧面图。它表达洞门墙的厚度、倾斜度，洞顶水沟的断面形状、尺寸，洞顶帽石等的厚度，仰坡的坡度，洞内路面结构、隧道净空尺寸等。

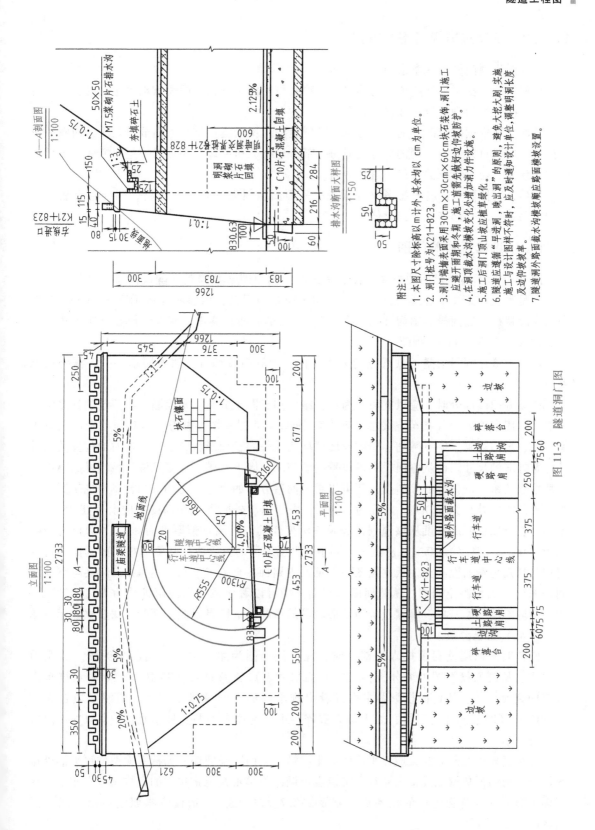

图 11-3　隧道洞门图

附注:

1. 本图尺寸除标高以 m 计外外,其余均以 cm 为单位。

2. 洞门桩号为 K21+823。

3. 洞门墙表面采用 30cm×30cm×60cm 块石装饰,洞门施工应避开雨期和冬期,施工前需先做好边仰坡防护。

4. 在洞顶截水沟变化处应加强力护及绿化。

5. 洞顶仰坡面山坡应植草绿化。

6. 隧道应遵循"早进洞、晚出洞"的原则,避免大挖大刷,实施施工后洞门图样不符时,应反时通知设计单位,调整明洞长度及边仰坡坡率。

7. 隧道洞外路面横坡坡率及冲坡率。隧道洞外路面截水沟坡面横应路面横坡设置。

11.1.2 识读隧道洞门图的方法

识读隧道洞门图的注意事项：

首先，要概括了解该隧道洞门图采用了哪些投影图及各投影图要重点表达的内容，了解剖面图、断面图的剖切位置和投影方向。

其次，可根据隧道洞门的构造特点，把隧道洞门图沿隧道轴线方向分成几段，而每一段沿高度方向又可以分为不同的部分，对每一部分进行分析阅读。阅读时一定要抓住重点反映这部分形状、位置特征的投影图进行分析。

最后，对照隧道的各投影图（立面图、平面图、剖面图）全面分析，明确各组成部分之间的关系，综合起来想象出整体。

11.1.3 识读隧道洞门图

图 11-3 所示隧道洞门图由立面图、平面图、侧面图来共同表达隧道洞口的结构。立面图实际是垂直于路线中心线的剖面图，剖切平面在洞门前，请参考立体示意图 11-4a、b 判断其实际特征。侧面投影图为 A—A 剖面图，剖切平面通过隧道中心线，投影方向为从右向左，请参考立体图 11-4c 判断。

可以将隧道洞门沿隧道轴线方向分为 3 段，即洞门墙部分、明洞回填部分、洞外路况部分。

阅读洞门墙部分时，应以立面图为主，结合侧面图来分析。平面图中洞门墙的许多结构被遮挡，用虚线表示（甚至虚线也被省略），所以平面图只作为参考。从立面图中可以看出洞门墙、洞门衬砌、墙下基础、墙帽及墙顶城墙垛等的正面形状，上下、左右的位置关系及长、宽方向的尺寸。而从侧面投影可以看到洞门墙、墙下基础、墙帽及墙顶城墙垛的厚度及前后位置关系，洞门墙的倾斜度，还可以看出前后方向的尺寸。比如洞门衬砌由主拱圈和仰拱组成，拱圈外径为 660cm、内径为 555cm，由于内、外圈圆心在高度方向上存在 25cm 的偏心距，所以拱圈的厚度从拱顶到拱脚是逐渐变厚的，拱圈顶部厚度为 80cm。仰拱内圈半径为 1300cm，厚度为 70cm。从侧面投影中可见明暗洞的分界线，从侧面投影的剖面图可看出洞门衬砌为钢筋混凝土。从立面图中可见洞内路面左低右高，坡度为 4%，仰拱与路面之间是 M10 片石混凝土回填。从侧面图和平面图中可以看出该隧道洞门桩号为 K21+823。对于洞门墙、洞门墙基础、墙帽及墙顶城墙垛等的情况，请读者参照上面的方法和立体示意图（图 11-4b）自己分析。

阅读明洞回填及洞顶排水沟部分时，应以侧面图为主，结合立面图来阅读。如洞顶排水沟，从侧面投影图中可分析排水沟断面尺寸、形状及材料，其中 50×50 表示排水沟水槽的截面尺寸，从正面投影图中可以看出排水沟的走向及排水坡度。明洞回填在底部是 600cm 高的浆砌片石回填，之上是夯实碎石土。请读者参照立体示意图（图 11-4c、d）自己分析。

阅读洞外路况部分时，应以平面图为主，结合立面图来阅读。如从平面图中可见洞外截水沟与边沟的汇集情况及排水路径，可以看出洞内外排水系统是独立的，排水方向相反。在正面投影图可以看到边沟的横断面形状及路堑边坡的坡度。请读者参照立体示意图（图11-4a）自己分析。

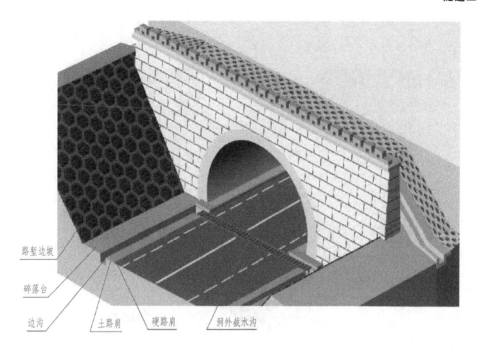

路堑边坡
碎落台
边沟
土路肩　硬路肩　洞外截水沟

a)

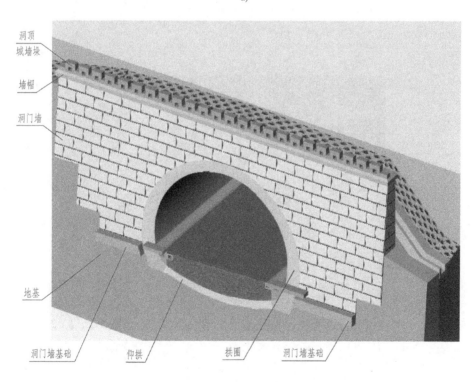

洞顶
城墙垛
墙帽
洞门墙

地基

洞门墙基础　仰拱　拱圈　洞门墙基础

b)

图 11-4　隧道洞口立体示意图

a) 隧道洞门外观图　b) 洞门前横断面立体示意图

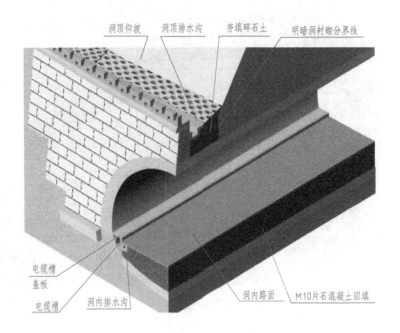

c)

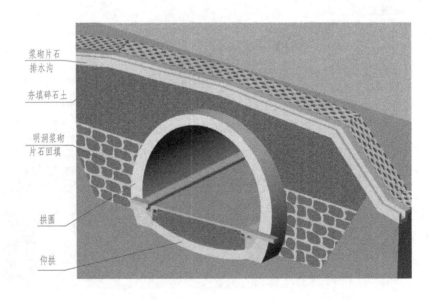

d)

图 11-4　隧道洞口立体示意图（续）

c）纵断面立体示意图　　d）洞门后横断面立体示意图

11.2　隧道衬砌断面图

隧道衬砌简介

　　隧道衬砌是为了防止围岩变形或坍塌，沿隧道洞身周边用钢筋混凝土等材料修建的永久性支护结构。

　　在不同的围岩中可采用不同的衬砌形式。常用的衬砌形式有喷混凝土衬砌、喷锚衬砌及复合式衬砌，多数情况下采用复合式衬砌。

　　复合式衬砌常分为一次衬砌（初期支护）和二次衬砌（二次支护）。一次衬砌是为了保证施工的安全、加固岩体和阻止围岩的变形而设置的结构，指喷混凝土、锚杆或钢拱支架的一种或几种组合对围岩进行加固。二次衬砌是为了保证隧道使用的净空和结构的安全而设置的永久性衬砌结构，待初次支护的变形基本稳定后，进行现浇混凝土二次衬砌。

　　隧道衬砌断面可采用直墙拱、曲墙拱、圆形及矩形断面。图 11-2a 所示的隧道断面为直墙拱，图 11-2b 所示的隧道断面为曲墙拱。

11.2.1　隧道衬砌断面图的内容及特点

　　隧道衬砌断面图采用在每一类围岩中用一组垂直于隧道中心线的横断面图来表示隧道衬砌的结构形式。除用隧道衬砌断面设计图来表达该围岩段隧道衬砌总体设计外，还有针对每一种支护、衬砌的具体构造图。

　　（1）隧道衬砌断面设计图　其主要表达该围岩段内衬砌的总体设计情况，表明有哪几种类型的支护及每种支护的主要参数、防排水设施类型和二次衬砌结构情况。图 11-5 所示是 V 级围岩浅埋段衬砌断面设计图。

　　（2）各种支护、衬砌的构造图　如超前支护断面图、钢拱架支撑构造图、防排水设计图、二次衬砌钢筋构造图等，具体地表达每一种支护各构件的详细尺寸、分布情况、施工方法等。如图 11-8 所示是 V 级围岩浅埋段钢拱架支撑构造图，图 11-10 所示是 V 级围岩浅埋段二次衬砌钢筋构造图。

11.2.2　隧道衬砌断面图的识读方法

　　首先要认真阅读隧道衬砌断面设计图，全面了解该围岩段所有的支护种类及相互关系；同时注意阅读材料表和附注，了解注意事项和施工方法等；然后再阅读每一种支护、衬砌的具体构造图，分析每一种支护的具体结构、详细尺寸、材料及施工方法。

11.2.3　识读隧道衬砌断面图

　　1. 阅读 V 级围岩浅埋段衬砌断面设计图

　　图 11-5 所示为某 V 级围岩浅埋段衬砌断面设计图，由图可见该围岩段采用了曲墙式复

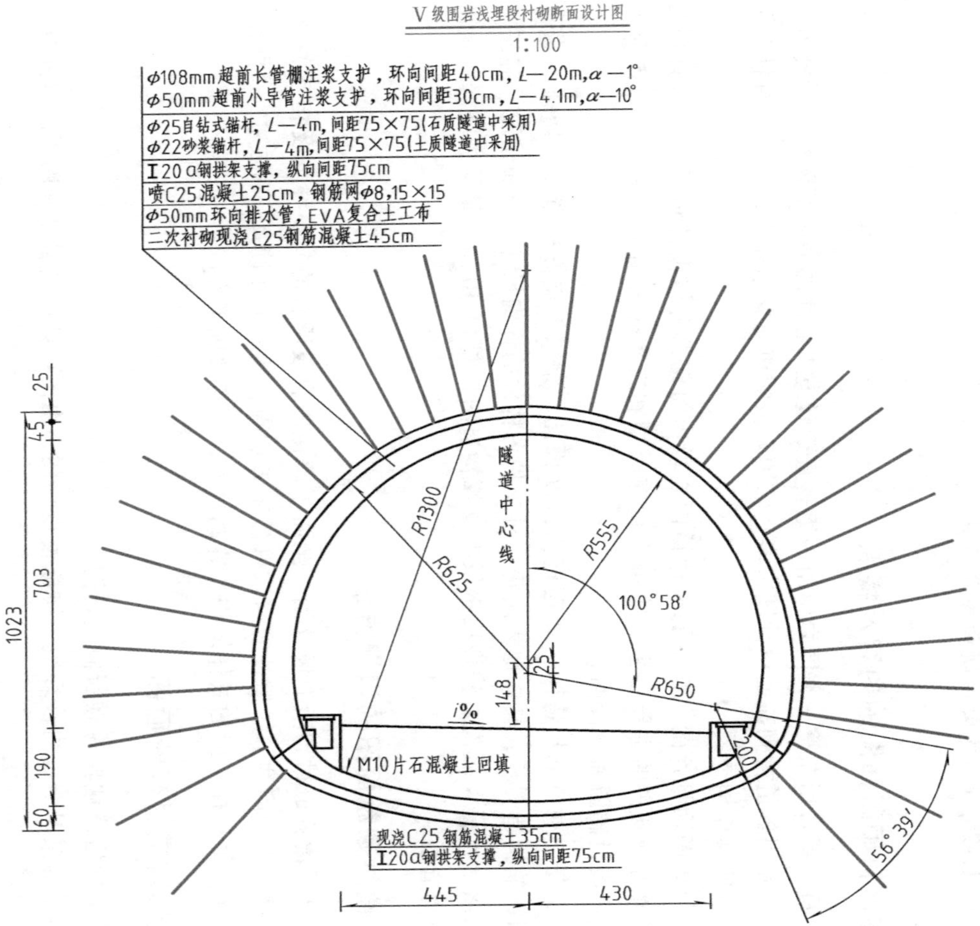

每延米工程数量表

序号	项目	规格	单位	数量	备注
1	土石开挖		m³	112.9	
2	长管棚	φ108mm	kg	9398	每组长管棚量 壁厚4mm
	小导管	φ50mm	kg	279.2	每组长管棚量
3	注浆	水泥水玻璃浆	m³	25.12	每组长管棚量
	注浆	水泥水玻璃浆	m³	4.25	小导管中采用
4	自钻式锚杆	φ25	m	186.7	石质中采用 每环35根
	砂浆锚杆	φ22	kg	556.37	土质中采用 每环35根
5	φ8钢筋网	15×15	kg	118.5	
6	喷混凝土	C25	m³	6.3	
7	型钢钢架	I20a	kg	1362.4	
8	钢板	300mm×250mm×20mm	kg	188.5	
9	高强螺栓、螺母	AM20	kg	10.7	
10	纵向连接钢筋	II级	kg	188.7	
11	拱圈二次衬砌	C25	m³	13.0	
12	拱圈二次衬砌钢筋	HRB335	kg	669.4	
13	拱圈二次衬砌钢筋	HPB235	kg	115.4	
14	仰拱钢筋	HRB335	kg	412.2	
15	仰拱钢筋	HPB235	kg	56.7	
16	仰拱二次衬砌	C25	m³	7.8	
17	仰拱填充及仰拱回填	C20	m³	10.44	
18	喷涂		m²	20.19	

附注：
1. 本图尺寸除钢筋直径以mm计外，其余均以cm计。
2. 本图适用于V级围岩浅埋段。
3. 施工中若围岩划分与实际不符时，应根据围岩监控量测结果，及时调整开挖方式和修正支护参数。
4. 施工中应严格遵守每进尺、弱爆破、强支护、早成环的原则。
5. V级围岩浅埋段超前支护在洞口段采用φ108长管棚，在其余位置采用φ50超前小导管。
6. 隧道通过石质围岩时采用φ25自钻式锚杆，穿过土质围岩时采用φ22砂浆锚杆。
7. 隧道穿过石质围岩时预留变形量15cm。
8. 初期支护中的锚杆应尽可能与钢支撑焊接。

V级围岩浅埋段衬砌断面设计图
1:100

φ108mm超前长管棚注浆支护，环向间距40cm，α=1°
φ50mm超前小导管注浆支护，环向间距30cm，L=4.1m，α=10°
φ25自钻式锚杆，L=4m，同距75×75（石质隧道中采用）
φ22砂浆锚杆，L=4m，同距75×75（土质隧道中采用）
I20a钢拱架支撑，纵向间距75cm
喷射C25混凝土25cm，钢筋网φ8,15×15
φ50mm环向排水管，EVA复合工布
二次衬砌现浇C25钢筋混凝土45cm

图 11-5 V级围岩浅埋段衬砌断面设计图

合衬砌，包括超前支护、初期支护和二次支护。图中给出了初期支护和二次支护的断面轮廓。

超前支护是指为保证隧道工程开挖工作面稳定，在开挖之前采取的一种辅助措施。从图11-5 可以看出该隧道 V 级围岩浅埋段在洞口采用 φ108mm 长管棚超前支护，在 V 级围岩浅埋段其他位置采用 φ50mm 超前小导管支护，即沿开挖外轮廓线向前以一定外倾角打入管壁带有小孔的导管，且以一定压力向管内压注起胶结作用的浆液，待其硬化后岩体得到预加固。

该隧道 V 级围岩浅埋段的初次支护有：①径向锚杆（系统锚杆）支护（在土质中采用直径为 22mm 的砂浆径向锚杆，锚杆长度为 4m，间距为 75cm×75cm，在石质中采用直径为25mm 的自钻式径向锚杆，锚杆长度为 4m，间距为 75cm×75cm）；②型号为 I20a 工字钢钢拱架支撑，相邻钢拱架的纵向间距为 75cm；③挂设钢筋网片支护，钢筋直径为 8mm，钢筋网网格为 15cm×15cm（冷轧焊接钢筋网）；④在锚杆、钢筋网片和钢拱架之间喷射 C25 混凝土 25cm，使锚杆、钢拱架支撑、钢筋网、喷射混凝土共同组成一个大半径的初期支护结构。

一般情况下超前小导管尾部、锚杆尾部与钢拱架支撑、钢筋网等都焊接在一起形成一个整体的初期支护，以保证钢拱架、钢筋网、喷射混凝土、锚杆和围岩形成联合受力结构。

在初次支护和二次衬砌之间做 φ50 环向排水管、EVA 复合土工布防水层。

二次衬砌是现浇 C25 钢筋混凝土 45cm。

仰拱的初次支护为采用 I20a 钢拱架支撑，纵向间距 75cm，二次衬砌是现浇 C25 钢筋混凝土 35cm。

*2. 阅读 V 级围岩浅埋段超前支护设计图

图 11-6 所示为 V 级围岩浅埋段超前支护设计图，图 11-7 所示为其立体示意图。

由图 11-6 可见，该围岩段采用了 φ50mm 超前小导管注浆支护。主要由横断面图、I—I 断面图、超前小导管大样图、材料数量表及注释组成。

超前小导管采用外径 50mm、长度为 4.1m、壁厚 4mm 热轧无缝钢管，钢管前端呈尖锥状，管壁四周钻有直径为 8mm 的压浆孔，尾部 1.2m 不设压浆孔，详见小导管大样图。超前小导管施工时，导管以 10° 外倾角打入围岩，导管环向间距 30cm，导管分布在隧道顶部，每圈 45 根。

横断面图上还表达出初期支护和二次衬砌的断面尺寸。

从 I—I 断面图上可以看出，两排导管之间的纵向间距为 300cm，两排导管纵向搭接长度为 103.8cm。同时也可看出超前小导管与钢拱架之间的位置关系。

阅读附注中的内容可知，要求小导管尾部尽可能焊接于钢拱架上，小导管注浆材料为水泥水玻璃浆。

3. 阅读 V 级围岩浅埋段钢拱架支撑构造图

如图 11-8 所示的 V 级围岩浅埋段钢拱架支撑构造图，除构造图外，还有 A 部大样图、I—I 断面图、II—II 断面图、钢拱架纵向布置图及纵向连接筋大样图。

从构造图中可以看出，每榀型钢分 6 段，段与段之间通过节点 A 连接在一起。由 A 部大样图、I—I、II—II 断面图及附注中可以了解连接情况、工字钢断面尺寸、螺栓连接尺寸等。在每段工字钢端部焊接一块 300mm×250mm×20mm 钢板，两块钢板由四个螺栓连接后，骑缝处要焊接牢固。两榀钢拱架之间的纵向间距为 75cm，并在两榀钢拱架之间焊接有

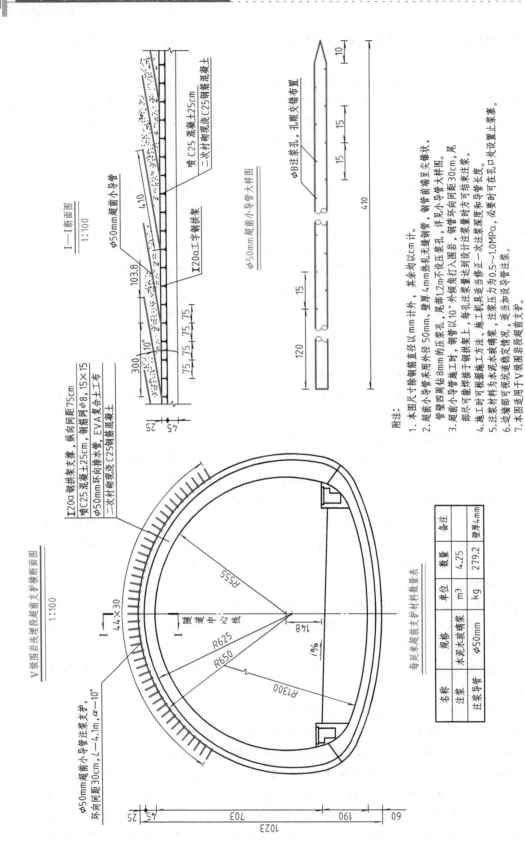

图 11-6　V级围岩浅埋段超前支护设计图

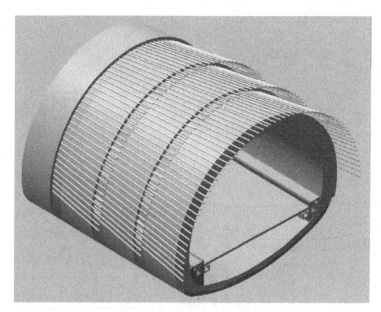

图 11-7　超前支护立体示意图

纵向连接钢筋②，纵向连接钢筋②的环向距离为 100cm。从纵向连接筋大样图上可以看出纵向连接钢筋②为Ⅱ级钢筋，直径为 25mm，共 37 根。

图 11-9 所示为钢拱支撑立体示意图（为了较清楚地表达钢拱架及其连接情况，立体示意图中钢拱架等的尺寸都有所夸大）。请读者对照立体示意图详细阅读图 11-8 所示的钢拱架支撑构造图。

*4. 阅读Ⅴ级围岩浅埋段二次衬砌钢筋结构图

如图 11-10 所示，该二次衬砌钢筋结构图由构造图（二次衬砌钢筋构造横断图）、Ⅰ—Ⅰ、Ⅱ—Ⅱ、Ⅲ—Ⅲ断面图及①~⑥号钢筋的详图来共同表达二次衬砌钢筋的结构情况，另外还有钢筋数量表及附注。读图时应该综合起来分析。

由构造图可以看出该隧道二次衬砌的断面轮廓及断面内钢筋布置情况，主要由 6 种钢筋组成，有拱圈部分的外圈主筋①和内圈主筋②及箍筋⑤；有仰拱部分内圈主筋③和外圈主筋④及箍筋⑥。各箍筋间距均为 40cm，每圈共有箍筋（29+29+32）根＝90 根。58 根⑤号箍筋，32 根⑥号箍筋，每延米有箍筋 2.5 圈，每延米共 145 根箍筋。主筋都是直径为 22mm 的 HRB 335 钢筋，箍筋是直径为 8mm 的 HPB 235 钢筋，各钢筋的尺寸与形状可见钢筋详图，不同位置的箍筋尺寸有所不同。

由Ⅰ—Ⅰ和Ⅱ—Ⅱ断面图可以看出在拱圈顶部外圈主筋①和内圈主筋②之间的中心距为 35cm，混凝土保护层厚度为 5cm；在仰拱底部外圈主筋④和内圈主筋③之间的中心距为 27cm，混凝土保护层厚度为 5cm。结合Ⅲ—Ⅲ断面图还可以看到箍筋沿纵向（道路中心线方向）的分布情况，即第一圈箍筋与第一、第二、第三圈主筋绑扎在一起，第二圈箍筋与第三、第四、第五圈主筋绑扎在一起，以此类推。

图 11-11 所示为二次衬砌钢筋构造立体示意图。请读者参照立体示意图仔细阅读二次衬砌钢筋构造图（为了较清楚地表达钢筋主筋的分布情况，立体示意图中箍筋的数量比实际要少）。

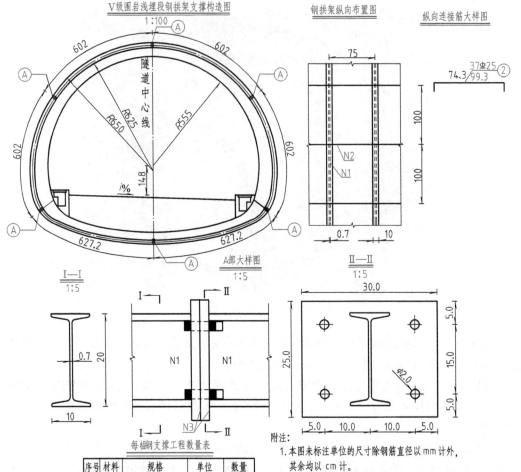

图 11-8　Ⅴ级围岩浅埋段钢拱架支撑构造图

V级围岩浅埋段钢拱架支撑构造图　钢拱架纵向布置图　纵向连接筋大样图

每榀钢支撑工程数量表

序号	材料	规格	单位	数量
1	型钢	Ⅰ20a	kg	1021.8
2	钢筋	Φ25	kg	141.5
3	钢板	300mm×250mm×20mm	kg	141.4
4	螺栓	AM20×70	个	24
5	螺母	AM20	个	24

附注：
1. 本图未标注单位的尺寸除钢筋直径以 mm 计外，其余均以 cm 计。
2. 接点 A 处经螺栓拼接后，骑缝焊接牢固，焊接缝都应焊接饱满，不得有砂眼。
3. 两榀钢拱架之间的连接筋 N2，除一般情况下按图布设外，可视拱架具体稳定情况加设交叉连接筋。
4. 每榀型钢分 6 段，施工时，每段长度可视具体情况作适当调整。

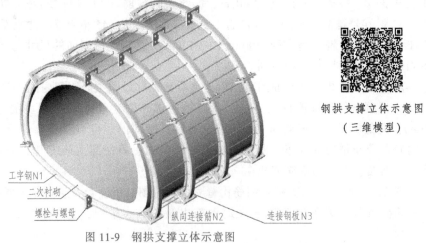

图 11-9　钢拱支撑立体示意图

钢拱支撑立体示意图（三维模型）

工字钢N1
二次衬砌
螺栓与螺母
纵向连接筋N2
连接钢板N3

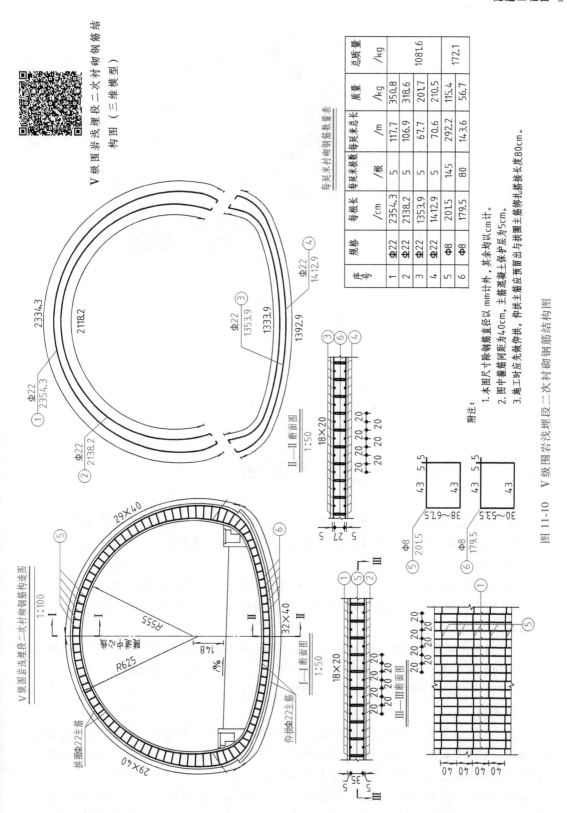

每延米衬砌钢筋数量表

序号	规格	每根长 /cm	每延米根数 /根	每延米总长 /m	质量 /kg	总质量 /kg
1	Φ22	2354.3	5	117.7	350.8	1081.6
2	Φ22	2138.2	5	106.9	318.6	
3	Φ22	1353.9	5	67.7	201.7	
4	Φ22	1412.9	5	70.6	210.5	
5	Φ8	2015	145	292.2	115.4	172.1
6	Φ8	179.5	80	143.6	56.7	

附注：
1. 本图尺寸除钢筋直径以 mm 计外，其余均以 cm 计。
2. 图中箍筋间距为40cm，主筋混凝土保护层为5cm。
3. 施工时应先做仰拱，仲拱主筋应预留出与拱圈主筋绑扎搭接长度80cm。

图 11-10 V级围岩浅埋段二次衬砌钢筋结构图

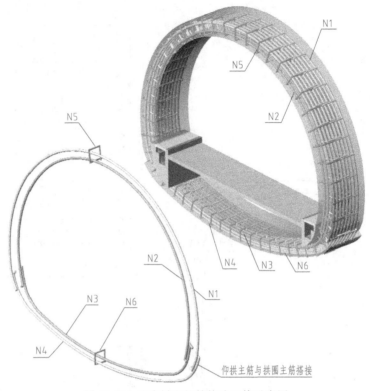

图 11-11　二次衬砌钢筋构造立体示意图

本 章 小 结

隧道工程图除了用隧道（地质）平面图表示它的位置外，它的图样主要由隧道（地质）纵断面图、隧道洞门图、横断面图（表示洞身形状和衬砌）等来表达。

1. 隧道洞门图

隧道洞门图一般用立面图、平面图和洞口纵剖面图来表达它的具体构造。

1）立面图以洞门口在垂直路线中心线上的正面投影作为立面图。不论洞门是否左右对称，都必须把洞门全部画出。

2）平面图主要是表达洞门排水系统的组成及洞内外水的汇集和排水路径，也反映了仰坡与边坡的过渡关系。为了图面清晰，常略去端墙、翼墙等的不可见轮廓线。

3）洞口纵剖面图沿隧道中心剖切，以此取代侧面图。

2. 隧道衬砌图

隧道衬砌常分为初期支护（一次衬砌）和二次支护（二次衬砌）。初期支护是指喷混凝土、锚杆或钢拱支架的一种或几种组合对围岩进行加固。二次支护（二次衬砌）是待初次支护的变形基本稳定后，进行现浇混凝土二次衬砌。

隧道衬砌图的图示内容及特点：隧道衬砌图采用在每一类围岩中用一组垂直于隧道中心线的横断面图来表示隧道衬砌的结构形式。除用隧道衬砌断面设计图来表达该围岩段隧道衬砌总体设计外，还有针对每一种支护、衬砌的具体构造图。

1）隧道衬砌断面设计图。其主要表达该围岩段内衬砌的总体设计情况，表明有哪几种类型的支护及每种支护的主要参数、防排水设施类型和二次衬砌结构情况。

2）各种支护、衬砌的构造图。如超前支护断面图、钢拱架支撑构造图、防排水设计图、二次衬砌钢筋结构图等，具体地表达每一种支护各构件的详细尺寸、分布情况、施工方法等。

复习思考题

1. 隧道工程图主要有哪几种图？
2. 隧道洞门的图示特点是什么？
3. 隧道工程的初期支护和二次支护分别指什么？
4. 隧道衬砌图有哪些？
5. 隧道衬砌断面设计图主要表达什么内容？
6. 各种支护、衬砌的构造图表达什么内容？

参 考 文 献

[1]　郑国权. 道路工程制图 [M]. 北京：人民交通出版社，2005.

[2]　陈爱萍. 道路工程施工 [M]. 北京：机械工业出版社，2008.

[3]　王强，张小平. 建筑工程制图与识图 [M]. 3 版：北京：机械工业出版社，2017.